ABEMAアナウンサー 西澤由夏です

西澤由夏

はじめに

お話をいただいたのは、２０２２年の年末でした。「私なんかがフォトエッセイを!?」と、もちろん思いましたが、新しいことに挑戦したい思いから、ありがたくお受けする運びとなりました。

とはいえ、仕事で日々文章は読んでいても書くことはそんなにないので、「エッセイってつまり何を書けば良いの……?」「そもそも私って文章書けるんだっけ……?」「ささ、36本!!」と、早くも戸惑いかけたのですが、不慣れながらも、ひとつだけ自分の中で決めた軸がありました。

それは〝ありのまま〟をお見せしようということです。

30歳の誕生日に合わせて発売させていただくということで、少し背伸びしてカッコつけて書こうなんてことも思いましたが、それは嘘の私をお見せすることになってしまうし、そもそもカッコいい文章なんて書けないので(笑)、等身大の自分を発信しようと決めました。

今、ブックカフェで作業をしています。

目の前にズラリと並ぶこの書籍の中に、自分のフォトエッセイが並ぶ……いや、やはり少しは背伸びして書くべきでしたでしょうか……!


これからお話しすることは、私が普段生活をする中で考えていることや、今までの経験の中で感じてきたことです。

共感していただけるページもあれば、そうでないページもあると思います。いずれにせよ、「そんなこと考えているんだ」くらいに思っていただけたら幸いです。


初めましての方にも、いつも応援してくださっている方にも、お手に取っていただいたことへの感謝の気持ちを込めて、いろいろな角度から自分を表現したこの1冊をお届けします。

目次

吉祥寺

就職してから約7年間、吉祥寺に住んでいました。それまでは学生時代に数回遊びに行った程度で、のちに私にとっての大切な居場所になるとは想像もしていませんでした。

吉祥寺はかわいいカフェや個性的な雑貨屋が多く、歩いているだけで心躍る楽しい街です。

ペットを飼っている人が多いのでペット連れで入れるお店も多く、私もよく実家の犬を連れてご飯を食べたりティーをしたりして過ごしました。

行きつけのご飯屋さんもたくさんできました。中でもよく行ったのは、「焼肉定食やまと」です。店内に入ってすぐのカウンター席で、行き交う人や当時斜め前に建っていた家具店を眺めながら、ひとりでタン＆ハラミ定食を食べる時間が大好きでした。

吉祥寺の魅力は、なんといっても大きな池を囲み広大な面積を持つ「井の頭恩賜公園」（以下、井の頭公園）です。開園100年以上が経つ歴史ある公園で、母も子供の頃、よく家族で遊びに行っていたそうです。

桜が満開の時期には、夕飯の余りものをお弁箱に詰めて、シートを敷いてよくピクニックをしました。

夏の新緑も秋の紅葉も冬の雪景色もそれぞれ素敵で、これまであの池の周りを何周も何周も歩いてきました。同じ場所を数えきれないくらい歩いたのに、なぜかまったく飽きないんです。

立ち直れないくらい落ち込んだときも、ベンチに座って池や景色をボーッと眺めていると、気づいたら何時間も経っていて、帰る頃には「よし、頑張ろう」と思えていて。何度駆け込んで助けてもらったことか……（笑）。本当に不思議なパワーを持つ公園です。

今でもたまに吉祥寺に行くと、ものすごく落ち着くんです。大きく両手を広げて「おかえりー！」と包み込んでくれるような、そんな感覚を覚えます。

家族や友達との思い出がたくさん詰まった大切な場所。きっと私はこれからも「好きな場所は？」と聞かれたら、迷わず「吉祥寺」と答えると思います。

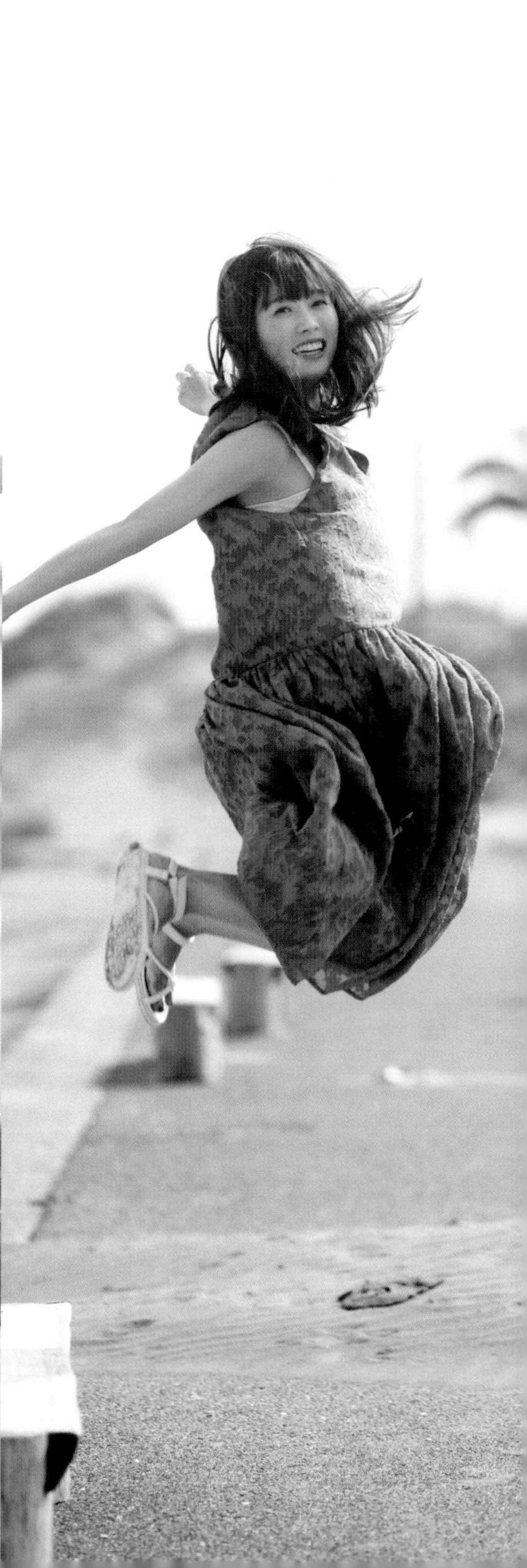

頼れる存在

「今日どうだったー?」

私が学校から帰ると、迎える母の第一声は必ずこの言葉でした。うちではもはや、「お帰りー!」の代わりになっていましたね。

「こんなことして遊んでね!」「こんな話してね!」と、その日あった出来事を話すのが日課でした。

日常の何気ないやり取りかもしれないけど、今思うと、だいぶ助かっていたんだなぁと思うんです。

話すことが当たり前になっていたので、いやなことや辛いことがあっても、気づけば自然と吐き出せる場になっていたんです。

時には共感してくれたり、「それは由夏が間違っているよ」と教えてくれたり。溜め込まずに常に話せる場があったのは、私にとって大きかったと思います。

一方、父は昔から、私が落ち込んでいると知っていても、あえて何も聞いてきません。

気持ちを察して、そっとしておいてくれていたんだと思います。

ただ、私が「聞いてー」と話し出したときには、自分事化して一緒に考えてくれます。状況を冷静に把握して、「自分ならこうするかな」とアドバイスをくれたりと、視野を広げてくれるので「そういう考え方もあるか」と、いつもいったん立ち止まって考えることができるんですよね。

友達とうまくいかなかったとき、仕事やプライベートで落ち込んだとき、夢に破れたとき……溢れそうになる感情をいつも受け止めてくれたのは両親でした。

甘えから、時にはあたってしまうこともありましたが、それでもいつでも話せる環境を作ってくれていたことに感謝してもしきれません。

これまでたくさんの心配や迷惑をかけてきた両親に、「それを超えるくらいの恩返しができているのか？」と考えてみても、まだまだ全然足りなくて。

仕事にプライベートに、少しでも日々良い報告ができるよう、邁進していきたいですね。

埼玉県蓮田市育ち

埼玉県の蓮田《はすだ》市で育ちました。産まれた直後から大学4年生終盤までの約22年間、良いときもそうでないときも、ともに過ごした私の地元を紹介させていただきます。

蓮田市は埼玉県の中東部に位置し、人口は約6万人。特産品である梨の畑がどーん！　とあったり、家の裏に大きな川が流れていたり、当時は当たり前の光景でしたけど、都心に住んでみて改めて、自然豊かなまちで育ったんだなぁと思います。

私は隣の白岡町（現・白岡市）との地境に住んでいたので、蓮田駅までは歩くと50分くらいかかりました。そのため白岡駅を利用していましたが、そちらも徒歩30分ほどかかったので、駅までは自転車で行っていました。

暑い日も寒い日も毎日、長い坂道を駆け上がりました。当時は「疲れた～」とか「遠い～」とか思っていましたけど、大人になるとそんな何気ない毎日の出来事が良い思い出として濃く残っているものなんですよね。

夜には人通りが少なく真っ暗になってしまう道が多かったので、塾などで帰りが遅くなる日には、駅近くのコンビニまで父が車で迎えに来てくれて、自転車を漕ぐ私の後ろから車のライトで道を照らして一緒に帰ってくれたのを覚えています。よく考えたら、父も会社から帰ってきたばかりなのに、また駅まで来てくれていたってことですよね。本当に感謝しています。

近所には同世代の友達がたくさんいて、小学校低学年の頃は、帰ってランドセルを置いた瞬間に家を飛び出し、夕方5時のチャイムが鳴るまで目一杯遊びました。

その頃の遊び場は、決まって家の前。お母さんごっこなどのごっこ遊びから、ローラースケートなどのアクティブ系まで幅広く遊んでいました。

夏休みなど長い休みに入ると、友達の「ゆーかーちゃんっ！」の声を合図に家を飛び出し、母の「ご飯よー！」の声を合図に家に帰る、というのがお決まりの流れだったので、みんなと遊ぶために、宿題を頑張って午前中に済ませていました。

通っていた小学校の決まりで、たしか高学年からは学区内であればひとりで自転車に乗って良いことになっていたので、それからは少し先の駄菓子屋まで行ったり、いくつもの公園をグルグル回ったりしていました。習い事がない日は、必ず誰かと遊んでいた記憶があります。

今思うと、家でゆっくり過ごす放課後ってなかったかも。子供のパワーってすごいですね（笑）。

夏祭りも楽しかった思い出のひとつで、よく覚えています。小学校の隣にある大きめの公園で毎年開催されていて、近所の人たちが暗黙の了解で参加する夏のビッグイベントでした。

何より、夏休みに入ってしばらく会えていなかった友達と久々に会える場だったので、夏祭りの日は朝からとてもワクワクしましたね。

ほかにも「さくらまつり」や「コスモスまつり」など、季節の花を楽しむ行事が多いのも蓮田市の魅力。さくらまつりで、蓮田音頭をアレンジした「ヤングバージョン」というダンスを踊っていたのも、良い思い出です。

蓮田市には数え切れないほどの思い出があります。実家も引っ越してしまってもう蓮田市に家はないのですが、離れて7年ほどが経った今でも、たまに思い出して遊びに行きたいと思える私の大切な地元です。

つぶ貝

「一番好きな食べ物は?」と聞かれたら、迷わず「つぶ貝」と答えます。

たしか高校生の頃に食べたのがきっかけで、歯応えのある食感と食べた瞬間に広がる磯の香りにハマり、以降、私の食生活に欠かせない存在になりました。

今もお寿司を食べに行ったら、つぶ貝に始まりつぶ貝に終わります。つぶ貝目当てに、ひとりで立ち喰い寿司に行くこともあります。

つぶ貝の食べ方はさまざまですが、私は食感や香りを楽しめるお刺身で食べるのが一番好きです。頑張った仕事のあとに、自分へのご褒美に買いたいと思うのはやっぱりつぶ貝で、今ではお気に入りのお店も見つけてリピート買いしています。ビールのあてに最高です!

営業職時代、みんなが間食にお菓子を食べる中、私はコンビニで買ったつぶ貝をデスクでパクパクとつまんでいました。よく部署の先輩たちから「また食べてるよ!(笑)」とツッコまれたものです。

ただ、当時つぶ貝だと思い込んで食べていたその貝は、つぶ貝ではなく〝あかにし貝〟だったようです(笑)。おいしかったので結果オーライです。

去年のふるさと納税の返礼品も、つぶ貝にしました。新鮮で大ぶりなつぶ貝が大量に届いたときは、化粧品や洋服が届いたときよりはるかに心が躍りました……!

今でも覚えていることがあって、大学生のときにお付き合いをしていた彼に「クリスマスに何食べたい?」と聞かれて、「つぶ貝!」と答えたことがあります。

今思えば、クリスマスに、しかもお互い10代という年齢で、とても難しいオーダーをしてしまったなと反省しています(笑)。

ただ、このときに食べたつぶ貝の歯応えと舌触りと新鮮さが抜群すぎて、私の中のベストオブつぶ貝になっているんです。あのお店はどこだったんだろうか……?昔のことで忘れてしまいましたが、おいしくて感動したのを覚えています。

私のつぶ貝愛、伝わりましたでしょうか。

こんなにもハマるなんて、あのとき、お寿司屋さんでつぶ貝を頼んでみようと思った自分を褒めたいです。

1815

ABEMAアナウンサーのお仕事

ABEMA専属アナウンサー1期生の仕事は、「仕事を作ること」から始まったといいます。どのように道を切り拓き、そして今、どのような業務にあたっているのでしょうか。

写真提供：ABEMA『チャンスの時間』

一から作っているアナウンス室

ABEMAは、サイバーエージェントとテレビ朝日の出資による動画配信サービスで、2016年に開局しました。私と、瀧山あかねアナウンサー、藤田かんなアナウンサーが専属アナウンサーになったのは、2018年からです。今のところまだ2期生はいないので、この3名でアナウンス業務などを担当しています。

地上波のテレビ局のように伝統もなければ先輩もいないので、本当に一から自分たちで業務を組み立てていきました。衣装ひとつとっても、スタイリストさんを探してお願いしたり、番組ごとにどういう衣装を選んだらいいのかリストを作ったり、なんでも自分でやるしかない。でも、「とりあえずやってみる精神」は、営業職時代から染みついているサイバーエージェントの社風でもあるので、そこまで大変だとは思っていなかった気がします。

現場での動き方なども、試行錯誤しながら、失敗しながら学んでいきました。放送業界の常識なども事前に学ぶ環境があったわけではないので、現場に行って、目で

Announcer's Job

見て体感して学んでいくといった感じでした。インタビュー中のマイクの持ち方やリアクションの取り方もわかっていないし、服装やメイクのこともわからなくて。スポーツの中継に「ジャケパン（ジャケット＋パンツ）で来て」と言われて、よくわからないままジャンパーみたいな上着を着ていったこともありました（笑）。

業務の幅もかなり広いのではないかと思います。バラエティー、スポーツを中心に、ニュースなども担当していますが、スポーツにしても野球、サッカー、格闘技など、さまざまなジャンルを担当させていただいています。ルールや選手についてその都度勉強して臨みますが、これまでの人生で触れてこなかったものに出会えるのは楽しいです。それこそ、これまでかかわる機会が少なかった野球が、今では趣味になっているくらいで。

外部のお仕事をさせていただく機会もあります。堀江貴文さんのミュージカル『クリスマスキャロル』にダンサー役で出演したり、ニューヨークさんのYouTubeラジオ『ニューヨークのニューラジオ』に出演したり、あとは『ヤングジャンプ』でグラビアに挑戦させていただいたり。ABEMAでも、『恋するアテンダー』というマッチングバラエティーでお見合いをするなど、司会業以外での出演も時々させていただいています。幅広い挑戦ができるのも、ABEMAのアナウンス室の特徴かもしれません。

収録以外の時間は準備に費やす

1日のスケジュールは日によってバラバラですね。『チャンスの時間』などの収録がある日は、午前中からスタジオ入りして1日がかりで何本も撮るので、収録が終わる頃にはいつも外が暗くなっています。

ニュースを担当する日は、朝からスタジオがあるテレビ朝日に入り、まずお昼の番組のナレーション録りを行います。その場でいただいた原稿をバーッと下読みして、ひたすらナレーションを読むんです。

社食でお昼を食べたら、打ち合わせやその他のタスクを挟みつつ、ニュースをチェック。その日に放送されたABEMAニュースを全て観て、どんなニュースが読まれたのか確認します。

17時頃にサブ（副調整室）に入ると、生放送の準備で

ABEMA

す。ニュース原稿が届いたらすぐに下読みを始めて、わからないことや言葉のアクセントを調べたりしたうえでスタジオに入ります。速報が入って、生放送ギリギリまで原稿をチェックするようなこともあります。生放送が終わると業務は終了ですが、タスクがあればまたパソコン作業に戻ることも。

出演以外の業務の大半は準備です。根が心配性なので、不安要素をなくして、自信を持って番組に臨みたい。だから、1年目の頃はなんでも入念に準備していたんですけど、準備をしすぎても良くないと、最近になってわかってきました。バラエティーは準備通りやればいいものでもないですし、ニュースでも間違えないように下読みばかりしていると、緊急ニュースなどをその場で読めなくなることもあると聞いて、難しいなと。

そのうえで力を入れて準備しているのは、スポーツです。スポーツは、担当する番組が決まってから、限られた時間でどこまで準備できるかが勝負。たとえば格闘技では、選手の過去の動画を観て、コメントを文字に起こしたり肝となるシーンを写真データとして残しておき、そこからインタビューやリポートの構成を作っています。技術的なことはプロの解説の方にお任せしたほうがいいので、パーソナルな部分をチェックすることが多いですね。そのため選手のSNSも見たりします。

バラエティーでも、MCの方々の近況は調べるようにしています。最近どんな活動をしているのか、ネットニュースにはどんな記事が上がっているのかチェックして、芸人さんならネタやライブを観ることもあります。そんな情報がふと話題に上がったときに反応できたらいいなというだけで、話題にならなくてもいいんです。

こうした準備が功を奏することもあります。覚えているのは、格闘技の現場で出演者同士がヒートアップしてしまい、その場からいなくなってしまったことがあって。スタッフが追いかけていって、私だけが現場に残されてしまいました。そのとき、思い切って自分の判断で番組を締めることにしたんですけど、出演者や番組のカラーを理解したうえで臨んだからこそできた判断だったのかなと、今となっては思います。あとでプロデューサーさんに「すごいよ、ナイス判断だった」と言ってもらえて、うれしかったですね。

もちろん、番組のために準備をしているのは私だけで

写真提供：ABEMA『チャンスの時間』

はなくて、番組に携わる全員それぞれの準備や努力が絡み合い、たくさんの人の協力のもと、ひとつの番組が完成します。そういった過程を経て収録や生放送が無事に終わったときは、この仕事をしていて心躍るというか、高揚感に包まれる瞬間のひとつですね。

役割に応じて、自分を出すことの大切さ

活動が多岐にわたるのがABEMAアナウンサーの魅力ですが、同時に難しさを感じることもあります。ジャンルや番組によって役割がまるで違ってくるので。

アナウンサーは自分を出さずに番組をコントロールしていくのが基本ですが、それだけではダメで、ABEMAのように幅広くチャレンジする環境では自分を出さなきゃいけないときもある。自分を飾らないことは大切にしています。普通だったらアナウンサーは自分の恋愛について話したりしないと思いますけど、私は番組が盛り上がるなら話すこともある。出演者が赤裸々に語り合うような番組で、ウソはつきたくないんです。

自分の役割について考えるようになったのは、『チャ

ンスの時間』の影響も大きいです。アシスタントについた当初は、間違えずに台本を読んで進行することが正解なんだと思っていました。初回の収録後、プロデューサーさんに「ほぼ満点でしたね」と言われても、「ほぼ」が気になりつつもやりきった感覚で。当時の映像を今見ると、「自分が勝手に作り上げたアナウンサー像を一生懸命やってるな……」という感じで、見ていられないですね。

バラエティーのアナウンサーとして何をすべきか考えるようになったきっかけは、MCの千鳥さん。まだ「ちゃんとやらなきゃ」としか思っていなかった頃、ある収録で大悟さんから冗談半分で「だって、イジりにくいんやもん」と言われて。そのときはピンとこなかったのですが、だんだん「バラエティーでは、進行をこなすだけじゃダメなんだ」と思うようになりました。

変わらなきゃいけないことはわかったけど、どうしていいかわからない。転機となったのは、テレビ朝日の弘中綾香アナウンサーが番組にゲスト登場してくださった回。今度はノブさんが弘中アナと比較して私を「アナウンサーもどき」とイジってくれたんです。最初は「もどき!?」ってちょっとショックを受けましたが、それから視聴者の方々の反応もだんだん変わってきたんですよね。

後に知ったのですが、実はノブさんは私をイジることで、視聴者の方々が私を応援してくれる状況を作ってくれていたんです。そのあたりから、私も番組で自分を出すようになりました。すると、スタッフさんたちも私がイジられている場面をYouTubeにまとめてくれて、より多くの方に知ってもらえるようになりました。

今は自分の役割を意識して臨むようにしています。ノブさんの好感度を下げる企画なら、ノブさんが女性ゲストにちょっとイヤな発言をしたときは、視聴者目線、女性目線の引いた立場でバランスをとってみたり。

そのぶん、反省することも増えたんですけど。「あのリアクションじゃなかったな」とか、「あそこはこういう言葉で返せば良かった」とか、家に帰ってから落ち込むことも少なくありません。何が正解で、何が間違っているのか、答えはきっとないんですよね。だから、今もずっと勉強中なんです。それだけに、視聴者の方からグッドコメントをいただくと、大きな力になります。リアルタイムでコメントが投稿できるので、ABEMAは視聴者の方々との距離が近いんですよね。

ＡＢＥＭＡとともに成長していきたい

アナウンス室を一から作り、今も育てている最中ですが、少しずつＡＢＥＭＡアナウンサーの認知も広まってきた気がします。アナウンサーを目指している学生さんやアナウンサー経験のある方から「今は募集してないんですか？」と聞かれることが増えたんですけど、「やっと知られてきた！」とうれしくなりますね。

また、個人的にとてもうれしかったのは、昇格の際に上司から「ＡＢＥＭＡとは、西澤由夏の成長の軌跡のことである」という言葉をいただいたことです。ＡＢＥＭＡは小規模なスタートからサッカーのワールドカップを中継できるまでになりましたが、そこに自分を重ねてくれた、一緒に成長してきたと思ってもらえたことが本当にありがたくて。歩みを止めないで良かったと、心から思いました。

思いがけず就くことができたＡＢＥＭＡアナウンサーの仕事。その喜びを忘れず、今後もＡＢＥＭＡとともに成長していきたいと思っています。

写真提供：ABEMA『チャンスの時間』

ティータイム西澤

学生の頃から大切にしている時間。それは〝ティータイム〟です。ティータイムといっても、飲むのはコーヒーやカフェラテ、ジュースなどさまざま。よく「ティータイムって紅茶を飲むことじゃないの?」と言われるのですが、〝ティー〟より〝タイム〟を大切にしたい派なので、そのときに飲みたいと思ったものを飲んでいます。

朝は砂糖とミルク入りのコーヒー、スタジオでの準備中やPC作業中はオーツミルク、収録の合間はブラックコーヒー、帰宅後は再びブラックコーヒーや紅茶などを飲むのが、最近の私の〝ティー〟ルーティンです。

仕事前にスタジオ近くのカフェに立ち寄るんですけど、「いつものでいいですか?」と店員さんに声をかけていただくようになったほど、気づけば足繁く通う行きつけになっていました。仕事前にモチベーションを上げるため、どうしてもティーをゲットしたいんです(笑)。

ティータイムは落ち着くのはもちろん、私の中で〝落ち着かせる〟という意味合いもあります。

営業職時代、得意先に営業に行く際、どうしたら緊張せずに提案ができるか、どうしたら心を開いてもらうことができるかを考え、私なりに導いた手法がクライアントを「ティータイムにお誘いすること」でした。

堅苦しい会議室よりも、「何頼みますか?」から自然に会話が生まれるティータイムのほうが、リラックスした空気に包まれてお互い提案しやすい。つい、余談に花が咲いてしまうなんてこともありましたけど……。

今まではこちらからアポイントメントを取ることが多かったクライアントも、気づけば先方から「次のティータイム(打ち合わせ)はいつにしますか?」と言っていただけるようになり、「ティータイム西澤」という異名までいただきました(笑)。

先日、数年ぶりに大学時代の友人たちとご飯を食べました。「食後のティー飲む?」と提案すると、「出たティー!! 相変わらずで安心した」と、懐かしさのあまりみんなで大笑い。そういえば大学生のときも、事あるごとにみんなをティータイムに巻き込んでいたなぁ。今までもこれからも、ティータイムは私にとって必要不可欠な時間です。

ちょっとした工夫

2020年、春。人生初のひとり暮らしを始めました。私はこのときから、ある考え方が180度変わりました。

昔から何をするにも誰かと一緒が良くて、ひとりで過ごすことが大の苦手でした。苦手というより、人に依存するタイプという表現が近いかもしれません。

待ち合わせまでの時間をひとりで潰すことは好きなのですが、たとえば「1日自由に過ごして」となった場合、すぐさま「誰を誘おう?」という思考になるのです。

でも、ひとり暮らしを始めたタイミングが新型コロナウイルスの流行と重なったこともあり、ひとりで過ごさなくてはいけない時間が増えました。

人依存症の私にとって苦痛な日々の幕開け……かと思われたのですが、約2年が経った今、「ひとりの時間、最高!!」と、考え方がガラッと変わったのです。

何がそうさせたのか。一番のきっかけは〝おしゃれ晩酌〟だったと思います。

もともと家でお酒を飲むのは好きでした。ただ、実家暮らしだったので、誰かと一緒に飲むことが多かったんです。ひとり暮らしをしてからはそうはいかないので、ひとりでも楽しいと自分を錯覚させるために(?)、少し違う飲み方をしてみようかなと思いました。

買ったことのないような高いおつまみを買ってきて、部屋をBARくらいの照明に落として、音楽やドラマを流しながら、気分が上がりそうなグラスでお酒を飲む。

こんな感じでおしゃれ空間を作ってみたら、なんだか居心地が良くなってしまって、気づけば次の日もそのまた次の日も、ひとり時間を楽しんでいたんです。

本当に些細《ささい》な工夫で、苦手だったひとり時間が好きになった。ほんのちょっとした変化をプラスすることで、絶対に変わらないと確信していたことも案外変えられるものなんだなと、自分の中でちょっとした発見でした。

それからというもの、映画はもちろん、野球観戦や、焼肉、直近でいうとサンリオピューロランドにも、ひとりでふらっと行けるようになりました。先日はひとりスワンボートもしましたね(笑)。

次の休みはどこに行こうかな。

日曜の朝は

幼い頃、決まって食パンを食べていた日曜の朝。

マーガリンの上に苺ジャムを塗って食べるのが、私の家の定番でした。

テーブルを囲む中で、毎週、不思議に思っていたことがあります。同じ苺ジャムを塗っているはずなのに、父親の食パンには苺の果肉がたっぷりのっていて、私の食パンには果肉がひとつものっておらずソースだらけだったことです。


「パパのパンには、なんでそんなに苺のつぶつぶがのってるの?」

うらやましそうに聞いた私に、父はこう答えました。

「由夏は力を入れて塗っているから、苺の果肉を潰しちゃってるだけだよ」

この歳になれば考えたらわかることですが、当時の私にとっては大発見で、毎週の謎が解明された瞬間でした。

今朝、久々に食パンを食べました。

あれから十数年、私の食パンには果肉がたっぷりのっています。

休日のルーティン

【PM11：00】晩酌
ビールや酎ハイ、マッコリ、梅酒など、その日の気分に合わせてお酒を選びます。恋愛リアリティーショーやドラマなど、好きな番組を観ながら晩酌をする時間が大好きで、ついつい夜更かしをしてしまいます。

【AM3：00】就寝
普段から寝る時間は遅いほうです。ベッドに入ってからも、SNSや動画をダラダラと観てしまいますね。

【PM0：00】起床
予定がない日は、アラームをかけずにお昼頃までたっぷり寝ます（笑）。昔から寝起きは良いほうなので、目が覚めたらベッドからサッと出て、顔を洗ってそのままヘアセットをします。

【PM1：00】お昼ご飯
おしゃれに過ごしたい日は、コーヒーを豆から挽きます。コーヒーが大好きなので、常に豆をストックしています。外でランチをするときもあれば、家でソーセージや卵を焼いて食べることもあります。

【PM2：00】お散歩
一番好きなお散歩コースは井の頭公園です。実家の犬を連れて、1時間ほど歩くことが多いです。たくさんの木々に囲まれて四季折々の風景が楽しめる公園なんですけど、同じくお散歩に来ている犬同士・飼い主同士で挨拶をする〝犬コミュニケーション〟を取りながら歩くため、あまり風景を楽しむ余裕はありません（笑）。

【PM3：00】ティータイム
カフェでティータイムをします。犬と一緒に行けるカフェもたくさんあるので、散歩ついでによく一緒に行きますね。この時間は欠かせません。

【PM4：00】フリータイム
買い物や美容の時間に充てます。物欲があるほうではないので買い物はそんなに頻繁には行かないのですが、洋服などその場で欲しいと思ったものは即決して買うタイプです。美容は美容鍼《ばり》やネイル、まつ毛パーマに行くことが多いです。

【PM6：00】夜ご飯
実家に帰った日は、手巻き寿司をしたり、鍋をしたり。体質なのか満腹感を感じにくく、気心知れた人の前ではとにかくよく食べるので、家族や友人に驚かれることもしばしば（笑）。

【PM8：00】お風呂
お風呂はパッと入る派です。子供の頃は、先に湯船で温まってから全身を洗って、最後にまた湯船に浸かるのがルーティンだったのですが、大人になってからは、気づけば先に全身を洗ってから湯船に浸かるようになっていました。湯船に浸かっている間、本を読んだり、スマートフォンを見たりして楽しむ人も多いですが、私は長風呂ができないタイプなので、少し浸かったらすぐに出ます。

【PM10：00】翌日の準備
終わっていない仕事の準備をこの時間にすることが多いかもしれません。台本をチェックしたり、調べものをしたり。翌日着ていく私服も、だいたい寝る前に準備をして枕元に置いておきます。朝焦るのが嫌いなので、できるだけ用意は済ませておきます。準備が全て済んでいるときは、テレビを観ながらお酒を飲んだり、コーヒーを飲んだりすることが多いですね。

【AM2：00】就寝
サプリメントや漢方を欠かさずに飲んで、だいたい2時頃ベッドに入ります。アラームの確認など、寝るまでにだいぶ時間がかかるのですが、寝つきは良いほうなので一回も起きずに朝を迎えることがほとんどです。

写真で振り返る
西澤由夏のあゆみ 1

小学生の頃からアナウンサーという職業に憧れていた西澤由夏の、
のびのびと成長した幼少期から、はつらつと過ごした学生時代を振り返ります。

ドレスを着てプリンセスごっこ

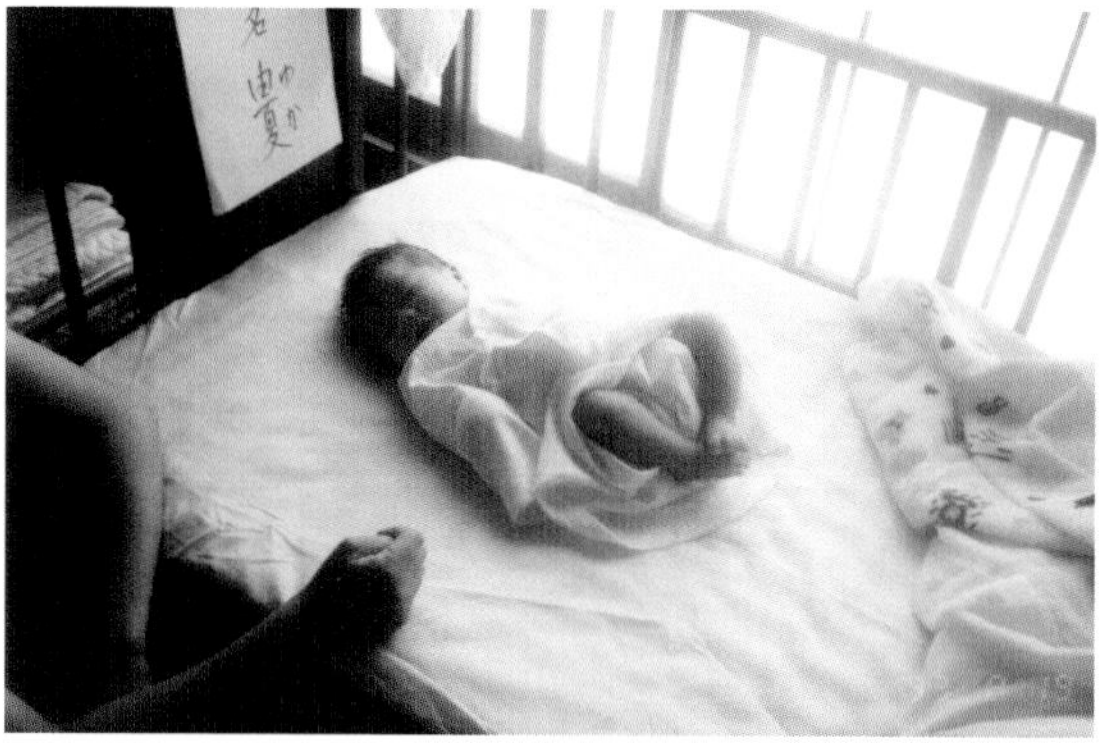

生後7日目、病院を退院した日に祖父母の家にて

幼稚園のマラソン大会で3位に入賞しました

3歳ごろ。近所の公園で遊ぶのも大好き

親の真似（?）して、おもちゃでお掃除

お絵描きに夢中

YUKA's History

なんでも全力で取り組む、活発な女の子

生まれは東京なんですけど、育ちは埼玉県の蓮田市です。自然豊かなまちで、のびのびと過ごしていました。

小さいときから元気で活発な子で、走ることが大好き。外遊びも好きで、高いところから飛び降りて、コンクリートにあごをぶつけて何針も縫ったことも……。小学生になっても、どこに行くわけでもなく、ずっと家の前で友達と遊んでいました。

几帳面で心配性だけど、どこか大雑把というのも今と変わらなくて、雑に車のドアを閉めたら自分の頭を挟んでしまって、そのまま病院送りになったこともありました。そうかと思えば、体のどこかが痛くなるとすぐに病院に連れて行ってほしいとお願いするような子で。

あと、なんでも一番になりたくて、行事で重要な役割の選考があれば、完璧な状態に仕上げてオーディションに臨んでいました（笑）。それで、体育祭の鼓笛パレードでは鼓笛隊の前で指揮をとる主指揮をやったり、合唱コンクールではピアノの伴奏をやったり。

ピアノの伴奏オーディションのときは、習い事のピアノ教室でも「今やってる練習をストップして、こっち（伴奏）の練習をやりたいんです」って、先生に楽譜を渡していたんです。なんか、今振り返るとちょっとイヤな感じですけど（笑）、後悔したくないから、やると決めたらとことんやりこむという性格も変わってないですね。

習い事はピアノ以外に水泳と陸上を習っていて、塾にも通っていました。ただ、水泳は本当にダメでいまだに泳ぎは苦手なままです。

力を入れていたのは、陸上。短距離走が好きで、地元のクラブチームに入って、休日はコーチの指導を受けながら走り込んでいました。楽しくやっていましたが、大会に出ると同じくらい足の速い子が集まるので、なかなか勝てないこともあって。得意なことで負ける悔しさも、陸上で学んだ気がします。

あと、陸上を頑張ったものだから、足の筋肉がムキムキになっちゃって……思春期はそれでけっこう悩みましたね。「制服が似合わない！」とか。でもそのおかげか、今でも腹筋は割れてるんですよ。

今でも覚えているのは、毎日一緒にいた親友と3年生

で別々のクラスになってしまって、これでもかというほど落ち込んだこと。今では「そのくらいのことで落ち込む？」と思うんですけど、当時は本当にショックで、ごはんが食べられなくなっちゃって。しばらくは給食も時間をかけないと食べられなくて、みんなが遊びに行く中、ひとりだけ教室に残ってなんとか食べきる、みたいな状況でした。

でも、大半はいい思い出ばかりです。人と違うことが好きだったのか、ランドセルにぬいぐるみのキーホルダーをたくさんつけたり、ルーズソックスを履いたりしていました。そのせいで先輩に目をつけられたこともありましたけど、何よりも友達と遊んだりすることが大好きで、ずっと遊びまわっていたような気がします。

「アナウンサー」を意識した瞬間

アナウンサーに憧れを抱き始めたのも、小学生のときでした。うちでは毎朝『めざましテレビ』(フジテレビ系)を観ていて、ちょうど占いのコーナーを観終わったあたりで学校に行っていたんです。

それでアナウンサーという仕事を知って、「いいな、楽しそうだな」とぼんやり思っていたんですけど、だんだん「このお姉さんたちのプライベートってどんな感じなんだろう？　お台場の海辺をヒールでカツカツ歩いたりしてるのかな？」って想像を膨らませて、憧れるようになって。でもまだ子供だったので、キラキラしていて素敵だなぁくらいの感覚だったと思います。

だから、アナウンサーだけでなくテレビの世界に興味を持ったという感じだったのかもしれません。家にいるときはずっとテレビを観ていたので。アニメやＮＨＫの教育番組から始まって、高学年になるにつれてバラエティー番組も楽しむようになって。『伊東家の食卓』（日本テレビ系）が大好きで、専用のメモ帳に使えそうな裏技をメモしたりしていました（笑）。

あと、当時から今に至るまでアイドルも大好きで、モーニング娘。の『ハロモニ。（ハロー！モーニング。）』（テレビ東京系）を夢中になって観ていました。モー娘。の曲をエンドレスで聴いたり、グッズを集めたりもしていて。私のアイドル好きの原点は、モー娘。でしたね。

3歳のとき、家族とクリスマス会

妹に父の洋服を着せて遊んでます（笑）

5歳のとき、祖父母と家族旅行へ

運動会の出し物でダンスを踊るところ

幼稚園年長の
運動会。リレー
を頑張りました

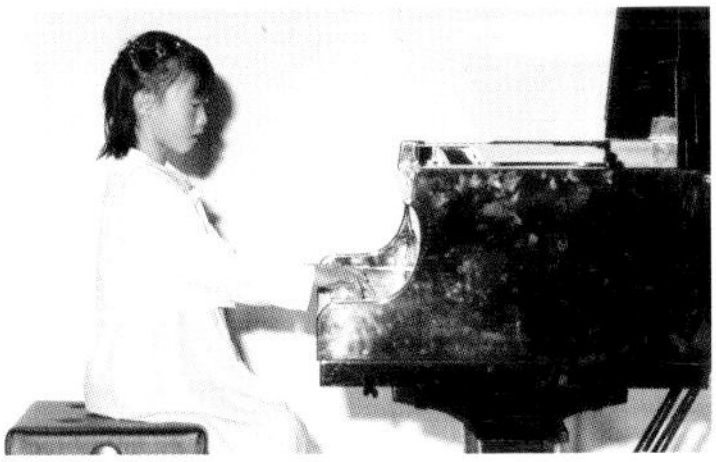

ピアノの発表会

陸上のクラブチームメンバーと
踊るところ

地元・蓮田市の「さくらまつり」では、
陸上のクラブチームのメンバーと踊りました

小学校の卒業式で、仲良しの後輩と

陸上の試合。短距離走が得意でした

中学校の卒業式で、同級生と

中学のバスケ部の仲間たち。
引退試合のときだったかも？

部活と受験に集中した中学時代

中学生になるとバスケ部に入ったので、小学生の頃のようには遊べなくなってしまいました。毎日部活で忙しくて。でも、新しい友達も増え、先輩とも仲が良かったので、学校生活は充実していました。

バスケ部では副キャプテンまで務めましたが、そんなにうまくはなかったかも……。球技は得意じゃなかったんですよね。だから、あまりシュートは打たせてもらえず、足の速さを活かしてひたすらボールを運んでいました。でも、そんなに気にしてなかったというか、試合に興味がなくて。部活も練習も好きだし、試合は全力でやるけど、チームの強さとか勝ち負けは気にならなかった。きっと〝過程〟が好きなんでしょうね。

中学では学級委員をやっていました。当時の私は、まとめ役が好きだったんだと思います。今では考えられませんが（笑）。そのためルールは守りつつ、そのギリギリの際を行くタイプでした。

中学って、謎のルールがありがちじゃないですか。学校ではジャージで過ごす時間が多かったんですけど、1年生はチャックを閉めなきゃいけない、2年生は真ん中まで開けていい、3年生から全開にできる、みたいな。でも、1年生しか通らない廊下では粋がってチャックを開けて、先輩が見に来たらあわてて閉めたりしていました。

あと、薬用のリップならつけてもよかったので、色つきの薬用リップを塗ってみたり。先生に注意されたら、「薬用ですから」って言い訳するんです。結局、ダメなんですけど。くだらないですよね、ホント（笑）。でも、そんなことが楽しくて。

若気の至りといえば、部活でちょっと理不尽なことがあったときに、同学年の部員たちで先生を呼んで「納得できません！」って訴えてたのを思い出しました。普通に話せばいいのに……熱い気持ちが抑え切れなかったのか、中学生らしいイタさだったなと思います。

初めて彼氏ができたのも、中学のときでした。下校時に待ち合わせして家まで送ってもらうとか、そんな感じで。ふたりとも学級委員だったので、林間学校で夜に先生とのミーティングがあったときに、一緒に参加するのがちょっとワクワクしたりして楽しかったのもいい思い出です。

部活も行事も全力で取り組んでいましたが、高校受験の本格化とともに生活が変わりました。アナウンサーになる夢があったし、学力なども考慮すると大学の付属校がいいだろうと親や塾の先生と相談して、中央大学の付属高校を目指すことにしたんです。

いつしか塾優先の日々になって、部活も早退するようになり、レギュラーも降ろされてしまって。最初は受験と部活が両立できないもどかしさ、副キャプテンなのにレギュラーじゃない恥ずかしさ、そういう精神的なものと戦っていましたね。

でも、目標に向かってタスクをこなしていくのが好きなタイプなので、受験勉強は本気で頑張りました。1日のルーティンを自分で決めて、一つひとつ消化していくのが気持ちよかったりするんですよ。特に部活を引退してからは、土日は図書館にこもりきりで、朝から晩までひたすら勉強。その甲斐もあって、志望校に合格することができました。

通学は大変だけど、自由を満喫

東京の高校に入学したことで、家から2時間かけて通学する生活が始まりました。うちの高校は現代文のテストに出る課題図書がたくさんあったので、電車の中ではほとんど読書。乗り換えが多く、いつも混雑していましたが、慣れてしまえば大変という感じでもなかったです。

高校ではダンス部に入ったのですが、毎日活動している部ではなく、朝練などもなかったので、それもあって通学が苦にならなかったのかもしれません。

入部理由は、先輩たちがイケてたから（笑）。ひと目でダンス部だとわかるくらい、みんなカッコいい雰囲気を醸し出してたんですよ。自由な校風だったので、髪型や服装も個性的で目立っていて。学生の9割が好きな制服を買って、好きにカスタマイズしていたので、私も制服を何種類か持っていて、友達とおそろいにしたりしていました。ただ、私はどこか派手になり切れず、髪は明るいんだけど、テーマは「清楚」、みたいな中途半端な感じだったかも（笑）。

高校1年の昼休み、クラスの友達とお弁当

これも高校1年のころにクラスの友達と

文化祭に向けて、ダンス部で練習していたときの1コマ

高校2年の体育祭の思い出です

高校3年、ダンス部で最後の文化祭に出たとき

文化祭でダンス部の友達と

どうでもいい記憶

日々の中で、過去の記憶を思い出すことがよくあります。過去の記憶といっても、「なんでそこ?」という、人からするとなんでもないシーンが度々浮かぶんです。


たとえば幼稚園生のとき。

仲の良い友達が、よくお弁当にポケットモンスターのカレーのルーを別添えで持ってきていたこと。

きれいなお姉さんが、百貨店のトイレで指先だけしか手を洗っていなかったこと。

友達の家の電話がピンク色でＦＡＸ付きでキティちゃんが描かれていたこと。


たとえば小学生のとき。

家族旅行で宿泊した旅館のタンスの下の狭い空間に、妹とすっぽり入ったこと。

マラソン大会で一緒に先頭を走っていた友達が、給食室を通過したあたりで「由夏、私のことは気にせず先に行って!」と声をかけてくれたこと。

夏の暑い日の下校中、十字路で牛乳が飲みたくなったこと。


たとえば中学生のとき。

男子生徒の思春期っぽい発言に、先生が困り笑いしている現場を横目に、自分の掃除場所に向かったこと。

バレンタインデーに友チョコとしてもらった手作りドーナツの中に、ペットの毛が入っていたこと。

友達がキーホルダー付きのシャーペンを持っていて、書く度に鳴るカチカチという音が妙に心地良かったこと。


なぜ〝どうでもいい記憶ばかり〟が蘇ってくるのか。諸説あると思いますが、そのときの情景を何回も何回も思い出しているからだと聞いたことがあります。普段からボーッとする時間を作るのが極端に下手なタイプで、お風呂やお散歩などのリラックスタイムでさえ、常に何かしらを考えている気がします。

仕事やプライベートのことを考える中で、きっと無意識のうちに過去のことも思い返しているんですね。

ずっと変わらないこと

私が今、一番好きな色は水色です。正確には青色や緑色も含めた寒色系が好きです。

身の周りを見渡してみたのですが、洋服もマフラーもスマートフォンケースもイヤホンも傘も、持ち物ほとんどが水色でした(笑)。気づけば今日も、水色のセットアップを着ています。

私には5歳下の妹がいます。よくお揃いの洋服を色違いで買ってもらっていました。

5歳になるまでのひとりっ子期間は、私が赤色やピンク色を独占していたのが、妹ができてからは、すっかり妹が赤色やピンク色、お姉ちゃんの私は水色や青色を着ることが多くなっていました。

七五三の写真を見返しても、妹はピンク色、私は青色の着物を着ています。いやだった記憶はまったくありません。なんとなく、「お姉ちゃんになった証拠!」くらいに思っていたと思います。

先日、幼い頃の私は何色が好きだったのか母親に聞いてみました。

「水色って言ってたよ!」

てっきり、私は赤色やピンク色が好きだけど、仕方なく妹に譲っていたのかと思っていました。私は昔からずっと水色が好きみたいです。

幼い頃、整理整頓が大好きだった私は、よく「きちんとさん」と呼ばれていました。呼び名の由来は、某化学メーカーのキャラクターである、あの「キチントさん」です。

片づけをして、家族が「助かった~!」と言ってくれるのがうれしくて、よくリモコンの位置を無意味に正したりしていたものです。

その頃から習慣化していたからか、大人になった今、整理整頓には自信があります。収納棚とか机の上とか楽屋とか、見ていただきたいくらいです!(笑)

そう考えると、好きなことってだいたいは幼い頃から変わらないのかもしれません。

CUPRUM

心配性

私の短所。

「超」がつくほどの心配性です。


寝る前。

次の日の仕事に備えすぐにでも眠りたいこの瞬間に、私の心配性が発動されます。

5分ごとにアラームを設定するのは当たり前で、そこから、「本当に設定できているか」「そもそも入り時間は合っているか」「家を出る時間は間違えていないか」などを何度も何度も確認する作業を繰り返してしまいます。時間にして15分間くらいでしょうか。

間違いなく1日の中で一番ストレスを感じる時間です。疲れるし、これから寝るというときに目が覚めてしまうので、できることならやめたい。でも、やめることができません。

予定が入ったとき。

どう見てもなんの予定も被っていない日なのに、「本当に何も入っていないか」「スケジュール表への反映はきちんとできているか」などを何度も何度も確認する作業を繰り返してしまいます。

これも疲れるので、できることならやめたいのにやめることができません。

なぜ、こんなにも面倒臭い習慣が身についてしまったのか。基本的に、自分に自信がないからだと分析しています。

仕事でも同じ現象が起きています。

特番はもちろん、何年も担当しているレギュラー番組においても、基本的に台本の準備稿が上がった時点で事前にもらうようにしています。事前にできたであろう準備をせずに当日を迎えるのが不安なんです。

今の職に就いて今年で6年目になりましたが、1年目からそれは変わっていません。

「あなたはここまで準備したから大丈夫よ」と、俯瞰《ふかん》して見ているもうひとりの自分に背中を押してもらって初めて、本番に挑めるんです。

ただ、どれだけ準備をしても、結局は「もっとこうすれば良かった」の繰り返しなんですけどね……！

心配性にも種類がいろいろあると思うんですけど、私の心配性は全て、安心を得るために時間を費やしているんです。その中には、きっといらない（ほかのことに費やしたほうが良い）時間もたくさんあって。

でも、ある日気づいたんです。

そういえば、今まで寝坊による遅刻がないし、スケジュール表をいちいち見なくても向こう1カ月のスケジュールがほぼ頭に入っているし、上司に評価してもらえる頻度が高かったのは準備の部分だったなと。

そう考えたら、「心配性くらいのほうが私には合っているのかも」と思えたんです。

短所である〝心配性〟。

角度を変えて見てみたら長所のようにも思えてきて、少しだけ好きになれました。

バスが好き

仕事に行くときや出かけるとき、思わず乗ってしまうのがバスです。目的地近くまで行けるちょうど良いバスを見つけたときの無性にワクワクするあの感覚、たまらないんですよね。なんだか少し得した気分になります。

特に好きでよく乗るのがコミュニティーバスです。中には座席が10席ちょっとの小型なものもあり、大通りだけでなく住宅街も走行してくれるので、「こんな道があったんだ！」「こんな行き方があったんだ！」と乗車中に小さな発見がたくさんあるんです。時間がゆったり経過する感じが、なんだかとても落ち着くんですよね。

今ではよく見かけるコミュニティーバスですが、日本で広まったきっかけは、１９９５年に東京都武蔵野市で運行を開始した「ムーバス」だったそうです。

高齢者が気軽に外出できるようなバスを作ろうという想いから誕生したそうで、毎時決まった時間にバスが来るパターンダイヤが組まれていて、運賃がワンコインの１００円に設定されているのが特徴です。

もちろん、このムーバスにも乗ったことがありますが、同じく住宅街の中をくねくねと進んで行くため、大通りからではわからなかったその街の雰囲気まで味わうことができました。まるでお散歩をしている感覚で目的地まで連れて行ってくれるのが、コミュニティーバスの魅力のひとつだと思っています。

去年、ひとり路線バスの旅もしました。

軽井沢に旅行に行ったんですけど、ふと牧場に行こうと思い立ち検索したところ、行きたい牧場が群馬県にあって。車もないしさすがに難しいかなと思っていると、なんと軽井沢から路線バスで行けるとの情報が！　バスで行けるなら、それはもう行くしかないですよね（笑）。35分ほどのプチ路線バスの旅でしたが、普段そんなに長い時間路線バスに乗る機会があまりないので、牧場に着く前からテンションが上がってしまいました!!

ちょうど良いバスを見つけて、そのバスに揺られながら目的地に向かう時間がたまらなく好きです。

電車のほうが早い場所でも、時間を気にしなくて良い日にあえてバスでゆっくり向かってみるのも、また楽しいかもしれません。

ゲン担ぎ

一度始めるとキリがない。やめどきがわからなくなって無限に続けてしまう。

仕事前、大会前、テスト前など、何かを成功させるためについついやってしまうこだわりってありませんか？

私は仕事前にやっているゲン担ぎがあって、こんな感じです。

「自動ドアは左側から入る」

スタジオの入口に左右2枚の自動ドアがあるのですが、〝必ず左側から入る〟ようにしています。

左側から出てくる人がいても、右側は使わずに、出てくるのを待ってから入ります。もうしばらく右側からは入っていません。

「真ん中のトイレに入る」

スタジオのトイレには個室が3つ並んでいるのですが、手前でも奥でもなく、必ず〝真ん中を選ぶ〟ようにしています。

あとはトイレットペーパーを使うときに〝ホルダーのカッター部分をカチッと上げてから使う〟ようにもしています。

それぞれいつから始めたのかははっきりとしたタイミングは覚えていませんが、いずれも仕事がうまくいった日がきっかけだったのは覚えています。

ゲン担ぎって、うまくいったときと同じことをしてみることから始まる場合が多いですもんね。

そのときと同じことをしないと失敗する気がしてしまって、ついついやってしまう。

ただ、そんなことに囚われるのは無意味だということもわかってはいるので、最近は〝意識しないことを意識する〟よう心がけています。

片道2時間×7年間

高校も大学も、片道2時間ほどかけて通っていました。往復で1日4時間。始めは長く感じた通学時間も、数年間続けているとなんてことなくなるのだから、慣れって不思議なものです。

高校生の頃は、4本の電車を乗り継いでいました。特に行きは、通勤・通学ラッシュで身動きが取れないほど混んでいてほぼ座れなかったんですけど、「どの人がすぐ降りそうかな?」と予想しながら毎日立つ位置を決めていましたね(笑)。その予想が当たって座れたときは、朝から少しハッピーな気持ちになったりもして。

私が通っていた高校では、中間・期末テストの度に課題図書が5冊ずつ出されていたので、常に本を持ち歩いていました。だから電車の中では、本を読んでいることが多かったですね。興味のある作品から難しい作品まで課題図書のジャンルが幅広く、電車の中で必死に読み進めていました。

寝てしまって、気づいたら下車駅なんてことも度々。

電車に揺られながら寝るのって、なんであんなに心地良いんでしょうね。

読書とうたた寝以外だと、音楽も聴いていました。

長時間の通学に、ウォークマンは必需品。今みたいに、音楽配信サービスで新しい曲をダウンロードしてすぐに聴けるというわけではなかったので、新しい曲を入れるまで、何度も同じ曲たちをループして聴いたりして。私はよくYUIを聴いていたと思います。

好きだったのは、早く下校ができる日の帰りの電車。土曜日の授業の日かテスト期間の日かはうろ覚えですが、お昼前後の時間帯は電車がとても空いていて。静かな電車でのんびり帰るあの時間がとても好きでした。

大学生になるとさらに乗る本数が増えて、4本の電車に加えてモノレールにも乗っていました。

もう、乗り換えマスターでしたね。どれだけ乗り換え時間を短縮できるかばかり考えていました（笑）。

授業終わりにそのままバイトに行ったり遊びに行ったりしていたので、直帰はほぼなかったです。

当時、大宮駅でバイトをしていたんですけど、大学近くの駅から大宮駅まで1本で行ける「むさしの号」という電車が出ていたんです。本来3本の電車に乗るところを1本で行ける、乗り換え多い民にとって夢のような電車で。ただ本数が限られているので、いかにその電車に乗るまでの乗り換えをスムーズに行えるかが鍵でした。

当時、スタイルを良く見せたい一心から、高いヒールしか履かないという謎のマイルールがあったんですけど、今思うと、よくあの高いヒールでスピーディーに乗り換えをしていたよなぁ……と我ながら感心します。

ほかに大変だったことといえば、終電です。

大学生になるとサークルの活動や友達とのご飯の機会が増えましたが、誰よりも終電が早かったんです。大学の近くでご飯を食べるとなると、遅くとも22時15分頃にはお店を出ないと間に合わなかったので、いつも会の途中からは終電のことばかり考えていました（笑）。

いろいろありましたが、通学時間が長かったことも学生時代の思い出のひとつです。

2時間あったら、毎日、品川駅から京都駅まで行けてしまいますからね（笑）。どれだけ長い移動時間でも、あの頃を思い出すと全然苦に思いません。

間違いなく、忍耐力が鍛えられた7年間でした。

katrin
cargill's

katrin cargill's

苦手意識

私は、心を開くまでに少し時間がかかります。それは人にだったり、環境にだったり。厳密に言うと、既にできている輪の中に入って行くことに苦手意識を感じるようです。

振り返ると小学校高学年くらいからその傾向があったと思うのですが、自覚したのは社会人になってからです。

小学5年生のとき、私は隣町の塾に通っていました。塾生はほぼ他校で、かつみんな同じ小学校同士だったので、入塾したタイミングから関係性の輪ががっつりできあがっている状況でした。

あとのことを考えると、ここで自分から話しかけてその輪に入っていったほうが絶対にいいのに、私はこういうときに〝借りてきた猫状態〟になってしまうのです。

それでもみんな優しかったので、「由夏ちゃん！　由夏ちゃん！」と話しかけてくれたり、「今度遊びに行こうよ！」と誘ってくれたりして、実際にみんなで映画を観に行ったこともありました。ただ、うれしいから参加はするものの、ここでも私は借りてきた猫状態でした（笑）。

顕著に表れたのは、社会人1年目のとき。

同期約１５０人が一堂に会して新卒研修を受ける日が数日間ありました。しかも今回も、インターン組による仲良しグループが既に何組もできあがっている状態です。

研修中は仕事に集中しているので大丈夫なのですが、この性格で一番困るのは休憩時間です。ランチ休憩の時間になると、みんなそれぞれ仲の良い同期と誘い合ってランチに出かけるのですが、私は誰よりも早く、誰とも目が合わないように、そそくさと部屋を出て行ったのを覚えています（笑）。

本当にどうしようもない性格です。

「めちゃくちゃ暗いな！！」と思われてしまうかもしれませんが（笑）、どちらかというと、幼少期から楽しいことに積極的に飛び込んでいくような活発タイプだったんですよね。

それなのに完成された輪の中で心を開くまでにどうしても時間がかかってしまうので、「本来の私はこんなんじゃないのに……」と、違和感を覚える瞬間が何度もあったんです。

ただ、何気ないことから、長年自分の中で解き明かされなかった心の開き方を私は知ることになるのです。

新卒研修を終え、それぞれの部署に配属されたときのこと。私はいつものように、猫を被りながら過ごしていました。

そんなある日、何かのタイミングで部署の先輩に「西澤ってさ、あざといよな！（笑）」とイジられたことがありました。

それまでイジられるような経験があまりなかったのですが、このときに、フワッと心が軽くなる感覚というか、視界が開ける感覚というか、居心地の良さみたいなものを感じたのです。

そうやって個性を引き出してもらって、ようやく心を開けるタイプなんだということに、このとき初めて気がつきました。

今、会社や現場で素の自分を出せているのは、間違いなく、このときの部署の先輩方が愛のあるイジりで心を解き放つ方法を教えてくれたおかげなので、本当に感謝しています。

几帳面と大雑把

家の中を見渡しても、几帳面さが表れている部分と大雑把さが表れている部分が顕著に分かれています。

たとえば、リモコン、クッションなどの置き位置や向きを決めていて、就寝時や外出前に元の位置に戻さないと落ち着かなかったり、シャンプーボトルなどのノズルの向きも揃えないと気になってしまったり、クリームを等間隔に並べて置いたり……挙げるとキリがありませんが、こんな感じです（O型ですが、「A型だと思った〜！」と言われることが多いです）。

また、こうして挙げてみると、几帳面な部分が大半を占めているように感じられますが、実は大雑把な部分も同じくらい持ち合わせていまして……。

たとえば、洋服にシミや汚れがついてしまっても気にならなかったり、床に落ちた髪の毛が気になり始めても数日経ってからしか掃除機をかけなかったり、布団類も思い出したときにしか洗わなかったり……挙げるとキリがありませんが、こんな感じです（自他ともに認める潔癖性でもあるはずなんですけど、大丈夫なものとそうでないものの差はなんなのだろう?）。

几帳面と大雑把。

対義語であり、極端に違うこのふたつが日々の中に交互に現れて、「本当はどっちなの?」と、時折、自分でもよくわからなくなります（笑）。

ちょうど良い塩梅のスタンスを取ることはもう難しいので、せめてバランスを保ちながら過ごしていけたらいいですね。

お手数ですが
切手を
お貼りください

郵便はがき

150-8482

東京都渋谷区恵比寿4-4-9
えびす大黒ビル
ワニブックス書籍編集部

お買い求めいただいた本のタイトル

本書をお買い上げいただきまして、誠にありがとうございます。
本アンケートにお答えいただけたら幸いです。
ご返信いただいた方の中から、
抽選で毎月5名様に図書カード(500円分)をプレゼントします。

ご住所 〒 TEL(- -)	
(ふりがな) お名前	年齢 歳
ご職業	性別 男・女・無回答
いただいたご感想を、新聞広告などに匿名で使用してもよろしいですか? (はい・いいえ)	

※ご記入いただいた「個人情報」は、許可なく他の目的で使用することはありません。
※いただいたご感想は、一部内容を改変させていただく可能性があります。

●この本をどこでお知りになりましたか?(複数回答可)

1. 書店で実物を見て　　2. 知人にすすめられて
3. SNSで(Twitter:　　Instagram:　　その他　　)
4. テレビで観た(番組名:　　)
5. 新聞広告(　　新聞)　　6. その他(　　)

●購入された動機は何ですか?(複数回答可)

1. 著者にひかれた　　2. タイトルにひかれた
3. テーマに興味をもった　　4. 装丁・デザインにひかれた
5. その他(　　)

●この本で特に良かったページはありますか?

[　　]

●最近気になる人や話題はありますか?

[　　]

●この本についてのご意見・ご感想をお書きください。

[　　]

以上となります。ご協力ありがとうございました。

写真で振り返る 西澤由夏のあゆみ 2

自由な世界を楽しんでいた高校時代から、本格的にアナウンサーになるための
活動を始めた大学時代、そして社会人生活へ至るまでを振り返ります。

ダンス部の友達と放課後に撮ったプリクラ

高校2年、親友と撮ったプリクラ

高校3年のとき、文化祭に来てくれた両親と

ダンス部の仲間たちと東京ディズニーシーに行ったとき

休み時間、ささいなこともプチイベントに

高校3年、文化祭のクラスの出し物の前で

YUKA's History

他愛もないことではしゃいでいた高校時代

校則が厳しかった中学から、いきなり自由な高校に入ったので、最初はどうしていいかわからず、ちょっと戸惑いましたね。ルールがある中でどう振る舞うか、境界線のギリギリをいくのが得意だったので。それに、同級生は派手だし、かわいいし、「これが東京か！」みたいなカルチャーショックもあって。

3年生のときには、クラスにギャルが多くて、「彼女たちについていかなきゃ……」という謎のプレッシャーを感じてしまったこともありました。結局そんな必要はなくて、クラスみんなで仲良くなったんですけど。みんなノリが良すぎて、ハロウィンにクラス全員で仮装して授業を受けたりしていました（笑）。

本当に大変だったのは、勉強ですね。校風が自由なぶん、テストで赤点を取ると進級できないくらい勉強には厳しい学校で。まわりは頭のいい子ばかりで、私はついていくので精一杯でした。

テストの1カ月前から図書館や自習室にこもって勉強したり、職員室前に待機していろんな先生にアポを取り、放課後にわからないところを聞いたりしていました。苦手科目を克服するために塾にも通って……とにかく必死だったなぁ。

ダンス部では「ヒップホップ」というジャンルのチームに入り、一番のイベントである文化祭に向けて練習していました。振り付けや選曲も自分たちでやるので、担当パートの振りを考えたり曲を探したりするのは、毎回大変だったんですよね。踊るのは好きだけど、いかんせんダンス経験がなかったので（笑）。

サンリオピューロランドで開催されていたダンスコンテストに、チームで出場したこともあります。結果は残せませんでしたが、相変わらず私は結果よりもそこまでの〝過程〟が好きだったので、純粋に楽しんでいましたね。

あと、高校の思い出といえば、「10円まんじゅう」。当時、高校の前にあった和菓子屋さんが10円のおまんじゅうを売っていて、よく食べていましたね。箱詰めで買って友達にプレゼントすることもありました。

修学旅行も自由で、好きな国を選べるんです。私は親友とグアム・サイパンに行きました。初めての海外旅行で現地では自由に旅行を満喫していたんですけど、事件もあって。海で溺れるっていう……。

カナヅチなのに、せっかくだからと海に入ったら、浮き輪ごと波にさらわれてしまったんです。そのまま溺れて、「終わった……」と思ったところで、友達が助けてくれました。というのも、溺れた場所が足のつくところだったんですよ。でも、私にとってはトラウマで、それ以来、ほとんど海に近づかなくなりました。

振り返って思うというより、当時から「青春だな」って思っていたくらい、高校生活は本当に楽しくて。部活の友達と帰りにプリクラを撮って、フードコートでおしゃべりしたり、親友とあちこち寄り道したり、なんでもプチイベントにしたり、クラスのみんなと打ち上げしたり、本当に他愛もないことではしゃいでいました。

大学生になり、ついに夢へと歩みだす

高校卒業後は、無事に中央大学へ進学することができました。私が進んだのは、経済学部の公共・環境経済学科です。地域や社会の問題について学べそうなところに惹かれましたが、基礎としてミクロ経済学やマクロ経済学もがっつり学ぶので、やっぱり大学でも必死（笑）。

高校のようにテストの1カ月前から勉強漬けで、デートのときも勉強、みたいな感じでした。そのせいか、いまだに大学のテスト前の夢を見ます。テスト情報が貼り出される掲示板を見に行き忘れて、「ヤバい！　何も勉強してない！」って焦る夢で……。自分にとって相当なプレッシャーだったんでしょうね。

勉強していて楽しかったのは、ゼミでの活動です。シンガポールに行って、子育てをテーマに現地を調査したこともあって。保育園に行ったり、電車に乗ってみたりしながら、気づいたこと、学んだことをまとめてプレゼンするなど、力を入れていました。ただ、卒論のテーマは全然関係ない「アイドル」にしたんですけど。

「ザ・大学生」みたいなこともやっていましたね。クラスの友達と授業終わりにそのまま箱根に行ったり、ラウンドワンに行ったり。バスケサークルのグループで花火やバーベキューをしたり、鍋パーティーをしたり。

大学生になって、アナウンサーという夢のためにも動き出しました。特に2年生のときにミスコンにエント

大学2年のときに、ミスコンでグランプリを受賞

大学の授業の合間にお弁当

バスケサークルの友達とキャンパスで

ミスコン出場者のお披露目会にて

アナウンススクールでの授業

学生キャスターとして、番組に出演しました

バスケサークルの合宿

成人式のときの写真です

キャンパスラボで、商品開発会議

ミスキャンパスとして沖縄で撮影しました

バスケサークルの友達とUSJへ

社会人1年目、オフィスの近くで

中央大学の卒業式にて

営業職としてコンサルティング中

会社の全社総会でダンスを披露した際のMV撮影

リーして、グランプリを取ったことで、大学生活は大きく変わりました。学生リポーターなど、メディアに出る仕事をやらせてもらえるようになって。

また、「キャンパスラボ」という各大学のミスキャンパスによるプロジェクトチームに参加したことも大きな経験でした。企業と一緒に商品開発を行ったり、さまざまな社会課題の解決に取り組んですけど、ただ意見を言うだけでなく、会議を重ねてアイデアを出して商品のデザインや見せ方、売り出し方まで考えるんです。初めてビジネスの世界に触れたことで、視野が広がったと思います。それに、そこで出会ったメンバーとは今でも頻繁に集まっていて、もう約10年の仲になります。仕事やプライベートのことなど、なんでも話せる大切な友人たちと出会うことができました。

もちろん、アナウンススクールにも入りました。テレビ局のスクールや元アナウンサーの方がされている個人スクールなど、全部で4~5校は通っていましたね。テレビ局によって求められるものや採用の仕方も違うと思ったので、それぞれのスクールに行ってみたりもして。

スクールはまさにアナウンサーへの第一歩という感じで、「ああ、始まったな」といった感覚でした。同時に、同じアナウンサー志望の人たちが集まっていることによる、ちょっとした緊張感もあったと思います。

アナウンサー試験という現実

実際にアナウンサー試験が始まると、シビアな現実が待っていました。キー局全て受けましたが、合格発表を待っては落ちての繰り返し。試験はこの年しか受けられないという事実や、「同じスクールのあの子はまだ選考に残っているらしい」といった噂もプレッシャーで。

アナウンサー試験のエントリーシートは少し特殊だったりするんです。エントリーシートに「4枚の写真で自分を表現してください」というお題があれば、「一生懸命」の4文字を使って、「命」は「明」という文字に変えて明るさをアピールしつつ、4コマっぽく構成してみたり。

実技試験のリポートや原稿読みも、スクールで教わったことは間違いなくできるよう、全力で臨みました。でも結局、全ての試験に落ちてしまって……。今思うと、失敗を恐れて自分を出せていなかったとか、アナウンサーの勉強だけでなく人間としての幅を広げておくべきだったとか、いろいろ思うんですけど。

そのときはずっと「あのときこうしておくべきだったかな?」と疑問や後悔、悔しさがループしていましたが、それでも、進む道は自分で見つけなくてはいけない。落ち込むヒマもないまま、なんとか気持ちを切り替えて、就活を続けました。

偶然開けた、アナウンサーへの道

サイバーエージェントに入社したのは、採用を通じていろんな方と会う中で、人や環境が自分に合いそうだなと思ったことが理由のひとつです。「ABEMA」は私の入社と同時に開局したので、アナウンス室ができるなんて想像もしてなかったです。

最初はパソコンもまともに扱えない状態でしたが、配属されたメディアの部署で必死に仕事を覚えました。目標が定まると猪突猛進する性格なので、仕事に没頭していましたね。ただ、この頃はテレビを観ることがつらくて。ふとしたときに仲の良かった子がアナウンサーとして画面に映る姿を見て、そっとテレビを消すこともありました。

社会人2年目となり、仕事自体は前向きに楽しんでいましたが、どこか立ち止まっているような感覚も抱えていたときに、突然飛び込んできたのが、「ABEMA専属アナウンサー募集」の情報。「え、待って……本当に⁉ 応募しないときっと後悔する……でも、社員はダメなのかな?」と一瞬でいろいろなことが頭をよぎったものの、次の瞬間にはエントリーシートを出そうと動いている自分がいました。

ABEMA専属アナウンサーに応募しましたが、社員の身であり、仕事もあるので、まわりには言えないままエントリーシートやエントリー動画の提出を進めていました。ただ、アナウンサー志望だったことは話していましたし、ABEMAの番組で進行を担当させてもらうようなこともあったので、応募するだろうと思っていた人もいたかもしれません。結果的にそれが合格にまでつながったので、思いを口に出すって大事ですね。偶然チャンスをつかみ、憧れのアナウンサーになることができた。本当に飛び上がるくらいうれしかったです。

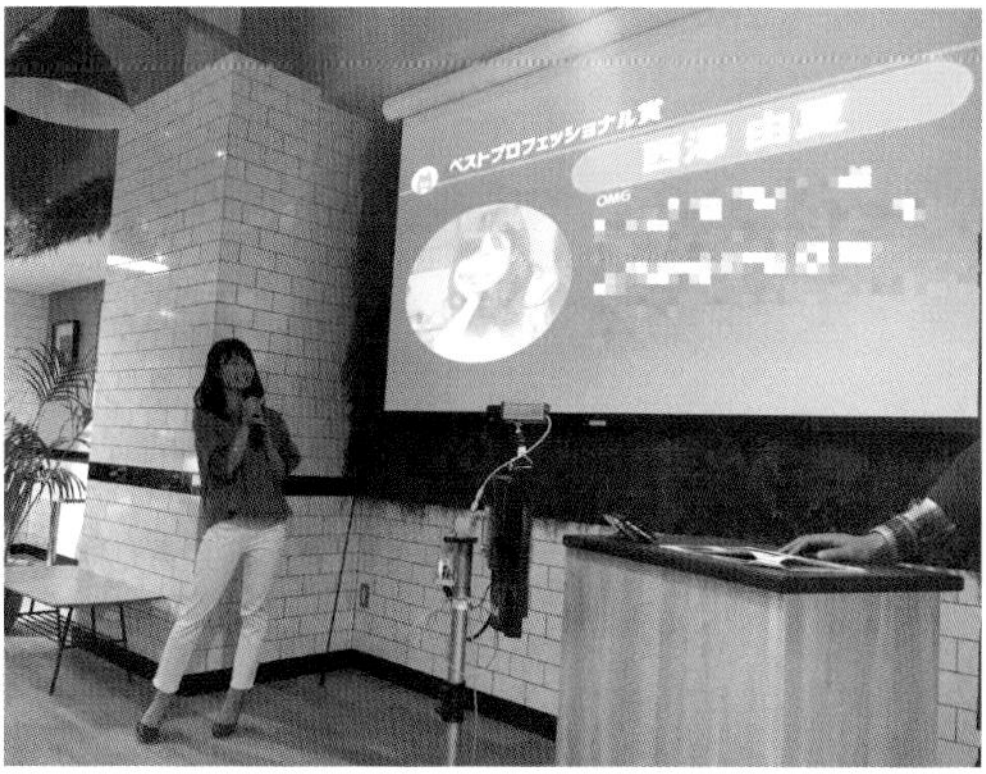

営業職時代、管轄の表彰式で表彰されたとき

営業職として最終出社の日、部署やフロアの皆さんと

サイバーエージェント社員としてABEMA『The NIGHT』に出演

営業職として、クライアントと打ち合わせ

趣味になった野球観戦で横浜スタジアムへ

母と妹と遊びに行った川越でのティータイム

愛犬とは軽井沢へ旅行に行ったり、誕生日をお祝いしたりしています

スルーする技術

噂話って、人生の中で勝手に付きまとってきますよね。

特に自分に対する噂は、良い話も悪い話も気になってしまうものです。

お店や商品を選ぶときも、実際に試した人の口コミを参考にすることがあるので、これも一種の噂と呼ぶなら、私たちは日常のあちこちで噂話に触れていることになります。


その中でひとつ、私が鵜呑《うの》みにしないと決めているものがあります。

それは〝人に対する噂話〟です。

「Aくんって、Bちゃんのことが好きらしいよ〜!」

小・中学生の頃、学校中に飛び交っていたこういった噂話は、昔から大好きです（笑）。

私が鵜呑みにしないのはそういう類のものではなく、「この人って、裏では性格悪いらしいよ」といったものです。言われても、内心「へぇ」としか思えなくて。

もともと人に対する興味があるかといったら、そこまであるタイプではないからかもしれませんが、「実際に対面してみないと本当のことってわからなくない？」と正直思うんです。

噂話の提供者の中には実体験で話している人もいると思うので、その人の話をまったく信じていないわけではないのですが、参考にはしても鵜呑みにはしません。

信じざるを得ない証拠があるなら別として、そのときたまたまコンディションが悪かっただけかもしれないし、その人に見せる顔のほうがごく稀なのかもしれないし、「一部を切り取らないで」って思うんです。


どの環境にいても尽きない〝噂話〟。

大人になるにつれ、「全然そんなことないじゃん!」という実体験が増えたからこそ、スルーする技術でうまくコントロールできているのかもしれません。

チーム作り

クラス、委員会、部活、サークル、部署……この30年間、気づけばいろいろな〝チーム〟に属してきました。

学生の頃は、学級委員長や副部長などチームのまとめ役につく機会が多かったのですが、今は正反対。「まとめ役をやってみる気はあるか?」と聞かれても「ありません」と答えています。昔はやりたいと思ってやっていたのになぜ変わったのか自分でもわかりませんが、単純に今は向いていないなと感じます。

今だと、私は「ABEMA・アナウンス室」というチームに属していることになります。

日々仕事をしていると、時としてチームのまとめ役にならなくてはならない場面が出てきます。難しさを感じる中、私が参考にしているのがアイドルグループです。

昔からアイドルが好きで、よく映像やSNSを観ています。その中で、「このチームワークはどうやって作り上げているのだろう?」と考えるようになりました。

映像を研究していく中で、いくつかのグループに共通して見えてきたのが「自分だけが目立とうとするのではなく、一人ひとりの成功を讃え合って、結果、チーム全体の輝きにつながっている」ということです。

あくまで個人的な考えにはなりますが、応援したくなるチームにはこの要素があるんだなと思いました。

アナウンス室の発足当初は、アナウンサーとしても社会人としても今よりもっと未熟で、自分のことで手一杯になってしまい、正直「自分ができていればそれでいいや」と思ってしまっていた部分があります。

でも、それだといいチームは生まれない。基本的にアナウンサーはひとつの番組にひとりで担当するので、普段なかなか顔を合わせることができない中でのチーム作りは、難易度が高い部分もあるのですが、メンバーの良いところを言葉にして伝えてみたり、新たな挑戦に対して私にできる微々たるサポートをしてみたり、最近は「できることから少しずつ」を意識してチームに向き合うように心がけています。

今はまだ歴史の浅い「ABEMA・アナウンス室」という〝チーム〟を、メンバー全員で協力して大きくしていくのが、今の私の目標です。

BOYS
JAMIE OLIVER
STORAGE
BUNKER SPECKLES
YVES SAINT LAURENT
CATH KIDSTON
The Official SAT Study Guide: For the New SAT
THE TYPE SPECIMEN BOOK
The Bryn Mawr Cookbook

JAMES
CHURCHILL SPEAKS
JOHN LESCROART
GUILT
MICHAEL CRICHTON
RISING SUN
THE OTHER MAN
A.N. WILSON
THE GREAT RECKONING
STREET WORLD
ROCK & ROLL
PRIMAL FORCES
COOL DESSERTS
Numerals
A Day in the Life of California
DYNAMIC

ミスコン

大学2年生のときに、ミスコンテスト（以下、ミスコン）に出場しました。

ちょうどアナウンススクールに通い始めた時期でもあり、アナウンサーになる夢に少しでも近づくならと、当時アナウンサーの登竜門と言われていたミスコンへのエントリーを決めました。

ただそのときにはまだ、この先に過酷な日々が待ち受けていることなど、想像もしていませんでした。

私の大学のミスコンは、広告研究会による複数回の面接を経て、男子5人・女子5人の計10人の候補者が決まります。本番までの半年間、その10人で学内外イベントへの参加や撮影などさまざまな活動をしていきます。

初めての経験ばかりで毎日が新鮮だったのと同時に、今思えば無意識のうちにキツさを感じていた期間でもありました。

ミスコンは本番だけではなく、むしろそれまでの期間に、候補者間でさまざまな競争を繰り返します。中でも過酷だと感じたのが、〝人気の可視化〟です。

特に頭を悩ましたのは、SNS投稿。この頃は、Twitterを利用する人は増えてきていたものの、今ほどSNSが主流ではなかった時代で、インスタグラムに関しては日本ではまだ流行前でした。ミスコン活動にSNSを取り入れ始めたのもこの頃くらいからだったと思います。

私の大学では夏に候補者のお披露目会があり、そのタイミングでそれぞれがミスコン用のTwitterアカウントを開設します。ここから11月のミスコン本番まで、〝SNS競争〟が始まるわけです。

同じタイミングでアカウントを開設するため、フォロワー数で人気順が顕著に可視化されてしまう。芸能界などでは当たり前のように思われますが、普通の大学生からするとキツイものがありました。

しかも、SNS全盛期ではなかったこの頃は、発信する側も受け取る側もSNS初心者。ここに難しさを感じました。自分を知らない人にフォローしてもらうにはどんな書き方が嫌味がないのか、ほかの候補者に勝つためにどんな写真を載せるべきなのか、そんなことばかりを考える毎日。

また、私の大学のミスコンでは「全国インターネット投票」という、1日1回、全国の人がインターネット上で投票できるシステムが導入されました。

そうなると毎日のＳＮＳでの投票呼びかけも、結果を左右するかなり重要な活動になってくるわけですが、投票する側にとってはなんのメリットもないことを〝毎日〟お願いし続けることの難しさ・申し訳なさ、でもそれをしないと投票につながらないと焦る気持ち。今振り返ると、感情が定まらない毎日でした。

ほかにも人気が可視化される瞬間がありました。

私たちの大学のミスコンでは、前述の全国インターネット投票や当日投票のほかに、「ジェラート投票」というものがあり、それらの合計獲得数が多かった人がグランプリに輝きます。

このジェラート投票とは、文化祭の出店で候補者がジェラートを販売し、購入した人が応援したい候補者の名前が書かれた箱へジェラートのフタを入れて投票するシステムです。

自分に票が入る度にものすごくうれしくなって、ほかの候補者のためにジェラートをまとめ買いする人の姿を見てものすごく不安な気持ちになって。

一生分の一喜一憂をこのときに使い果たしたのではないでしょうか（笑）。

インターネットという見えない空間で行われる投票とは違って、候補者全員の目の前で行われるこの投票は、今思えば残酷だったかもしれません。

一見華やかに思われがちなミスコンも、それだけではない。よく聞く話ですが、身をもって体感しました。

ただ、そのキツさをともに乗り越えたからこそ、候補者の中には今でも定期的に会うほど仲良くなった仲間もできたし、ミスコンを通じて出会った他大学の一生涯の友達もできた。

自分でも知らなかった自分のいろいろな感情にも出会うことができて、あの日エントリーを決めた選択は間違っていなかったと思える、自分にとっては本当に貴重な経験になりました。

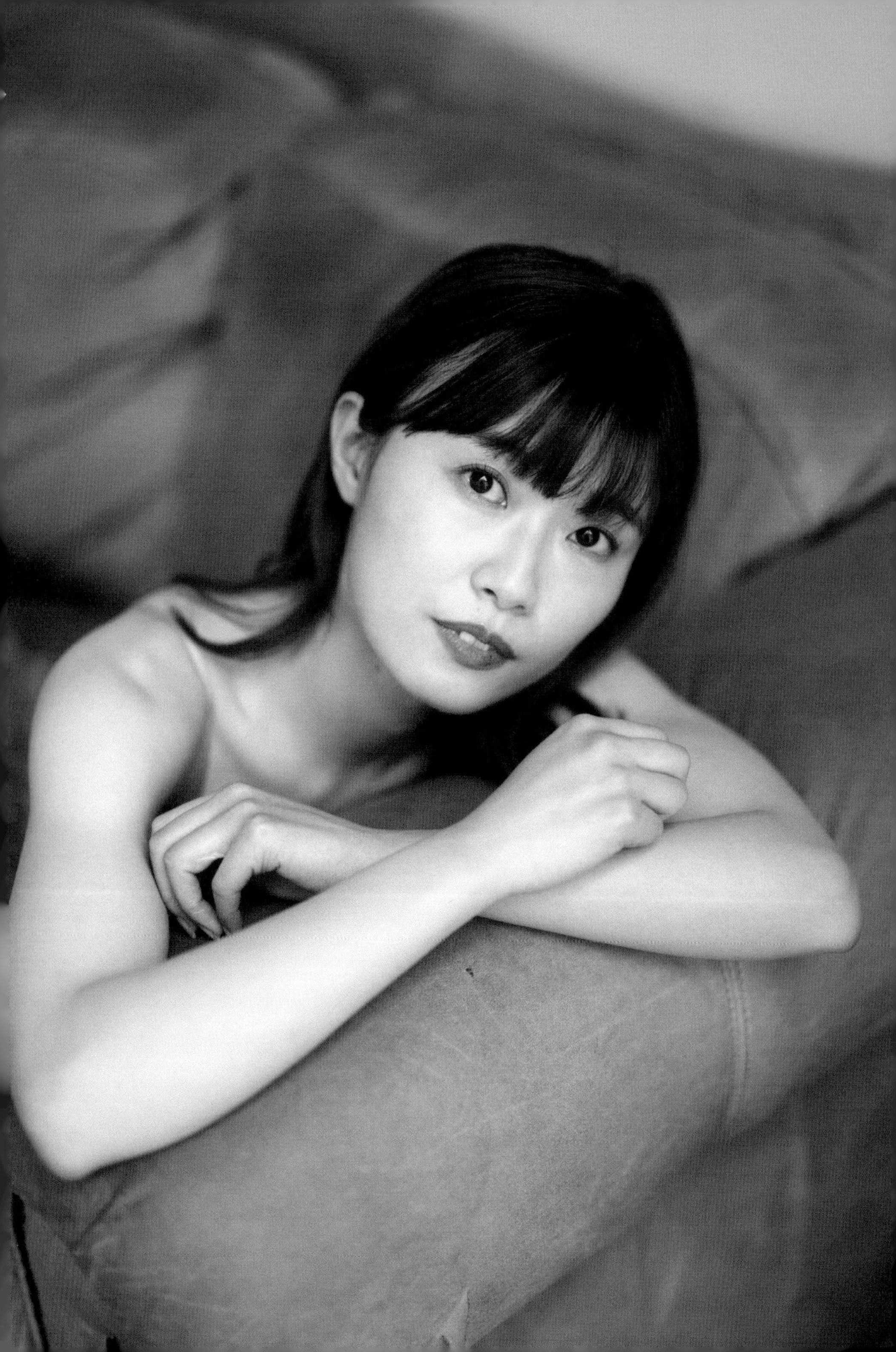

オセロ

先日、久々にオセロをしました。

オセロでは「四角《よつかど》を多く取ったほうが有利」とよく聞きますが、そのときの私は4分の3の角をことごとく相手に取られていました。

ゲーム終盤になり、案の定、ボード上にある私の石はたったの3枚。誰が見ても負け確定の状況。

「あ、負けた……」

このままゲームが終わろうとしていたそのとき、勝ちを確信した相手が気を緩めた瞬間がありました。私に取られないよう、ふさいでおかなくてはならないマスを見落としたのです。

そこからは、あっという間にこちらのペース。あれよあれよという間に相手の石をめくっていき、最終的に私が勝利しました。

自分でつかみにいくチャンスもありますが、相手の状況によって、自分でも予期していなかったタイミングで舞い込むチャンスもある。

逆を言えば、自分が圧倒的に有利な立場にいたとしても、過信や一瞬の気の緩みで立場が逆転してしまう。

人生にも同じことが言えるなぁと、久々のオセロを終えて思いました。

憧れのモー娘。

悩んだとき、仕事前にテンションを上げたいとき、いつもアイドルの曲を聴いてきました。

私のアイドル好きの原点は、モーニング娘。さん（以下、モー娘。）です。

『LOVEマシーン』がリリースされたときにはファンだったので、小学1年生の頃からだったと思います。

何かのファンになったのもモー娘。が初めてで、クリアファイルを集めたり、漫画の付録を集めたり、今で言う推し活に励んでいました。

当時、日曜日のお昼に放送していた『ハロー！モーニング。』を観るのが楽しみで、毎週、テレビに食いつくように観ていました。

モー娘。主演のミュージカルも観に行きました。

初めて買ってもらったCDもモー娘。のアルバムで、自分の部屋のCDプレーヤーで擦り減るほど聴いていたのを覚えています。車の助手席で、何時間もエンドレスで『シャボン玉』を大声で歌い続けて、運転する父親を困らせたこともあったほどです（笑）。

モー娘。がすごく好きで憧れていた子供の頃の私。

20年以上経った今、そんなモー娘。の皆さんと一緒に仕事をさせていただいているなんて、あのときの私にはまったく想像もできませんでした。

共演させていただく機会はバラエティー、ニュースなどさまざまですが、中でも田中れいなさんとは今、レギュラー番組でご一緒させていただいています。

その中で、僭越ながら私の曲振りで、大好きな『I WISH』を歌ってくださったことがあって……そのシーンをあの頃の私が見たらなんて言うんですかね⁉『シャボン玉』を歌っていた、あの田中れいなさんですよ……相当びっくりするんだろうなぁ。

子供の頃、画面越しに応援して憧れ続けた皆さんとご一緒させていただくというのは、当時の私には信じ難い出来事過ぎて、ある意味ピンとこないといいますか、振り返るとなんだか不思議な感覚に陥るのですが……いずれにしても、「大人になったらいいことあるかもよ？」と、あのときの私にこっそり教えてあげたいです。

恋愛リアリティーショー

夜の隙間時間は恋愛リアリティーショー（以下、恋リア）を観て過ごすことが多いです。

最初は興味本位で観始めましたが、6年間観続けている作品もあるほど、今では趣味の一環になっています。恋リアはリアリティーショーということもあって、「好き」や「嫌い」になるまでの細かい背景や都度生じる双方の感情の動き、押すべきか引くべきかの葛藤など、普通は見えないリアルな心情まで映し出されていて、視聴者のこちらまで一喜一憂してしまうんです。

気づけば、「自分だったらどうするかな？」と考えながら観ていたり、推しメンを見つけて応援していたり、新しい作品が始まる度に友人と盛り上がっています。

ABEMAにも高校生同士・俳優同士・バツイチ同士などジャンルがさまざまな恋愛番組があります。そのときの気分によって、観る作品を選びます。お酒やコーヒーを片手に観るこの時間が至福なんです。

恋リア視聴歴7年目。

初めは、キュンキュンするとか懐かしいとかそういう見方をしていましたが、最近は、観ながら自分自身が学んでいることに気がつきました。

「伝えるのが苦手でも、苦手なことも含めてさらけ出して伝えた気持ちって、より相手に伝わるものなんだな」とか、逆に「相手には受け入れられる上限みたいなものが決まっていて、いくら伝え続けても、その量を超えてしまうと響かないものなんだな」とか。これらが、最近恋リアから得た私の学びです（笑）。

人の数だけある恋愛スタイルの中から、自分に活かせそうなヒントを探りつつ、これからも恋リア視聴を楽しんでいけたらと思います。

愛犬のパワー

実家でマルチーズを飼っています。

「お散歩」と「パパ」と「食べる？」という言葉が大好きな3歳の男の子です。

迎えたその日から家中をピョンピョン飛び回る活発な子で、その元気さは今も健在。とにかく私たち家族のことが大好きで、誰かが帰宅する度に、お気に入りのおもちゃをくわえながらこれでもかというほど飛び跳ねて喜んでくれます。

言葉を交わすことはできないものの、感情に合わせて鳴き声を変えたり、目や仕草で訴えたりするので、意思疎通ができるんですよね。

動物を飼っていない方からすると、「またまた～」という感じだと思うのですが、不思議なことに、本当に会話ができるようになってくるんです。

お腹が空いたときは自分のお皿をくわえて持ってきたり、おやつを食べたいときはおやつを入れて遊ぶ知育玩具を私たちの足元に落としてウルウルした目で見つめてきたり、みんなが寝ている間にうんちをしたときは鳴いて教えてくれたり。

それはもう毎日、愛おしさが増していきます。

先日、初めて愛犬とのふたり旅をしてきました。お揃いの洋服を着て、新幹線で軽井沢へ！

アウトレットでお店を回ったり、旧軽井沢銀座通りをお散歩しながらお土産を探したり、人気のお蕎麦屋さんに並んだり。新しくできたおしゃれなカフェにも行きましたよ！

実は、この旅行の前日に落ち込む出来事があって、正直、楽しめる気分ではまったくなかったんですけど、やっぱり愛犬のパワーってすごい。

一緒にあちこち観光したり、たくさん写真を撮ったり、「夜ごはんはささみにする？　ミルク煮にする？」とかやったりしているうちに、気が紛れて、夜には一緒におやつを食べながらドラマ鑑賞会をするまでに気持ちが回復していました。いかんせん、私しかお世話をしてあげられる人がいないので、落ち込んでいる場合ではなかったというのもありますが（笑）。

よく考えたら今までも、私が弱っているときには、いつもこの子がそばにいてくれるんですよね。

泣いている私に寄ってきて、心配そうな表情で涙をぺろぺろ拭ってくれたり、体調が悪くて寝込んでいるときに、部屋のドアの隙間から様子を覗きに来て、足元で一緒に寝てくれたり。日々一緒にいると、本調子でないことがわかるんでしょうね。

本当に助けられてるよなぁ。

でも実は、子供の頃は犬が苦手でした。単純に、吠えられたのが怖かったんだと思います。2階から地下まで全速力で追いかけられたこともあります（笑）。

それが大人になった今、自分にとって犬がこんなにもかけがえのない存在になっているなんて、子供の頃は想像もしていませんでした。

犬が身近な存在になって「ありったけの優しさをこの子に注ぎたい」という、自分の中の初めての感情にも出会いました。

これでもかというほどの癒しやパワーを与えてくれる存在。これからも、愛犬が私たちに与えてくれるもの以上の愛情で包み込んでいきたいと思います。

繰り返し見る夢

同じ夢を何度も見ることってありませんか？

私は仕事が立て込む時期や、その準備が間に合うか不安にかられたときに、必ずテストの夢を見ます。

テスト当日に、「え、今日テストなの⁉　勉強してなかった！　ヤバい‼」と焦る夢です（笑）。

しかも、決まって〝大学のテスト〟なんです。

「なんでだろう？」と考えてみたら、少し現実との共通点が見つかりました。

たとえば、大きな特番が決まると、より入念な準備が必要になってきます。本番の日から逆算して、自分なりの手順で準備を進めていくわけですが、よく考えたら大学のテストも（私が通っていた大学がそうだっただけかもしれませんが）、学部棟の掲示板を自分でチェックしに行って、自ら日時などの情報を確認し、その情報から逆算して勉強を進める形式でした。

テスト期間は決まっているものの、履修している科目によって掲示板に情報が貼られるタイミングやテストが実施される日時がバラバラなので、それを見落としてしまうことに当時の私は強い恐怖心を抱いていたのだと思います。

テストを受けること自体に恐怖心を抱くのならまだわかりますが、きっと情報を見落として準備ができないことのほうが、当時の私にとって相当な恐怖だったんでしょうね。

ABEMAアナウンサー

西澤由夏 対談 藤田 晋

サイバーエージェント社長

サイバーエージェント藤田社長との対談が実現。アナウンサーになる以前から『堀江貴文と藤田晋のビジネスジャッジ』のアシスタントなどを務めてきた西澤由夏を、藤田社長はどう見ていたのでしょうか。

社員がアナウンサーになるとは思わなかった

西澤　サイバーエージェントは、社員が社長とメッセージツールでやりとりすることもあるんですけど、私が社長に初めてメッセージを送ったのは、入社2年目、アナウンサーになることが決まった頃でしたね。会食に連れて行っていただいて。

藤田　そうだっけ？　社内会食はよくあって、社員からそのお礼のメッセージをもらうことも多いからね。

西澤　社長との2回目の会食は営業職のチームで行かせていただいたんですけど、社長に色紙をお渡ししたこと、覚えていらっしゃいますか？

藤田　ちょっと覚えていないな（笑）。

西澤　えー!?　アナウンサーになることが決まったので、「サイン書いてよ」って言われて書いたんですよ。私の初サインは社長だったのに……（笑）。デスクにずっとあると信じていました。

藤田　さすがにデスクには飾らないでしょ。藤井聡太さんのならあるけど（笑）。

西澤　でも、社長と番組でご一緒していたのは、アナウンサーになる前からなんですよね。『堀江貴文と藤田晋のビジネスジャッジ』は入社1年目の営業職のときから出演させていただいていたので。

藤田　「（ABEMAアナウンサーに）私も応募していいですか？」って聞かれた覚えがある。基本的には社外に向けて募集をかけていたから、社内から声が上がるとは思わなかったんだけど、「ああ、その手もあるか」って。

西澤　「ヘンなヤツだな」って感じですよね（笑）。「もう応募しました」と、強気に話していた気がします。

藤田　アナウンサーを志望する社員がいるのもおもしろいかもって思ってたかな。

西澤　そういう印象ならよかったです。

アナウンサー西澤由夏の印象

藤田　でも、「崖っぷちアナ」だっけ？　どうしてもアナウンサーになりたくてガツガツしてた、みたいな記事も見たけど、そういう雰囲気でもなかった気がする。イキイキしてる社員という感じだったね。

西澤　「アナウンサーもどき」とは言われますけど（笑）。

藤田　どちらかというと努力家というイメージ。一度、本番前に発声練習してる姿を見たことがあって。それも番組じゃなくて、お客さんを招いて行ったイベントとかだったと思うんだけど。

西澤　えぇー！　見られていたとは知らなかったです。こんな一社員のことまで細かく見てくださって。

藤田　そんなに細かくは見てないよ（笑）。

西澤　番組を観て、放送中にメッセージを送ってくださったりもするので、それはとてもうれしいです。

藤田　そんなに送ってないと思うけど（笑）。でもいつからか、「うまくなったな」と感じるようにはなったかな。

西澤　えっ、うれしい！

藤田　前はすごく努力して完璧にやろうっていう感じだったけど、今は慣れてきたのか、大きな現場でも平然とこなしてる。

西澤　平然と見せるやり方を覚えただけで、内心はドキドキしてるんですよ！

藤田　ＡＢＥＭＡはアナウンサーが少ない分、出番が多くて場数を踏んでいるからか、安心感が出てきた気もするね。

西澤　安心感を与えたいと番組中も意識しているので、そう言っていただけるのはうれしいです。

異色のアナウンサーだからできること

藤田　もともとは、普通の社員だったわけだからね。千鳥のおふたりが「アナウンサーもどき」ってからかうのも、なんかわかるというか。

西澤　確かに、あながち間違いじゃないですね。

藤田　「アナウンサーをあきらめてなかった」って記事で読んだけど、それもウソかもなと思った（笑）。うちの会社に入社して、アナウンサーの道が開かれるわけないし。

西澤　ウソでもないんですよ。少しでもメディアにかかわるお仕事がしたくて、サイバーエージェントに入ったので。それで入社と同時にＡＢＥＭＡが開局したわけですから、これはもう運命ですよね（笑）。

藤田　でも今にして思えば、営業をやってきたのもよかったのかもしれないね。ヘンなプライドや圧を感じないというか。

西澤　確かに、そうかもしれないです。自分でも営業時代の経験が仕事に活きているなと思うことはあるので。

藤田　バラエティでも、出すぎず下がりすぎず、よくやっているなと感じます。

西澤　一番の褒め言葉をいただきました！　社長は『チャンスの時間』もよく観てくださっていますよね。

藤田　『チャンスの時間』はおもしろいからね。仕事と関係なく観てます。

西澤　ちなみに、どの企画が好きですか？

藤田　ノブさんの好感度を下げるやつはおもしろい。

西澤　「ノブの好感度を下げておこう」シリーズは人気ですからね。

若さを保ち、恋をするには……？

西澤　せっかくの機会なのでお伺いしてみたいんですけど、社長って、見た目も中身もずっと若いですよね。フ

藤田 何それ、褒めてるの？（笑） 若い人が周りに多い環境のせいじゃないかな。同世代でも、自分より年齢が上の方々に囲まれている環境かどうかは大きな要因のひとつな気がする。

西澤 うちの会社は若い人が多いですよね。サプリとか、美容のために日常的にやっていることはありますか？

藤田 まったくないです。そういうの全般的に苦手で。

西澤 そうなんですね。私も30歳になるので、若々しくいられるようにしたいです！ それこそ、恋愛のほうも本腰を入れて頑張らなきゃいけないなと思いまして。

藤田 それにどうお答えすれば……（笑）。

西澤 いい出会いって、普通に生活していてもあまりないじゃないですか。それに、過去のメッセージで「恋愛相談にまで乗っていただいてありがとうございます」とお送りしたこともあって、私、社長に恋愛相談してたんですよ。

藤田 覚えてないな。

西澤 それも覚えていないんですね……（笑）。

これからもチャレンジは続く

西澤 頑張るといえば、私がフォトエッセイを出すと聞いて、どう思いましたか？

藤田 外に活動を広げてくれるのは、会社としてもありがたいですね。今回も頑張ってるんだろうなとは思うけど、フォトエッセイって、大人気のアイドルや女優の方々が出すイメージなので、新しいチャレンジですね。

西澤 そうですね。だから、エッセイも頑張ってたくさん書きました。完成したらサイン書いてお渡ししますので、デスクに飾ってください！ あ、いらなそう（笑）。

藤田 （写真のサンプルを見て）でも、いいじゃない？ きれいに撮っていただけて。

西澤 いや、ほっとしました。この本に限らず、アナウンス業務以外のお仕事をさせてもらうことが増えたので、「前に出すぎているな」「ほどほどにしとけよ」という反応じゃなくて。堀江（貴文）さんのミュージカル（『クリスマスキャロル』）に私が出演したときは、どうでしたか？

藤田　頑張ってるなと思って見ていました（笑）。

西澤　出演してからは、毎年社長と一緒に観に行かせていただいてるんですよね。社長にはなかなかできない経験をさせていただき、とても勉強になっています。社長にすぐメッセージが送れて、気軽にご一緒できる会社なんて、そうないと思います。

藤田　引き続き、とにかく今後もこの調子で頑張ってもらいたいですね。

西澤　はい、私ができることであれば、チャレンジし続けたいと思います。手前味噌かもしれないですが、ABEMAはこれからも成長していくメディアだと思っているので、そこにABEMAアナウンサーが遅れをとらないように、アナウンス室を歴史あるものにしていきたいです。それができるのは、1期生である自分たちしかいないと思うので、これからも頑張ります！

藤田 晋（ふじた すすむ）

1973年5月16日生まれ。青山学院大学を卒業後、株式会社インテリジェンス（現・パーソルキャリア株式会社）入社。1998年、株式会社サイバーエージェントを設立し、代表取締役社長に就任。現在は、株式会社AbemaTV 代表取締役社長、株式会社ゼルビア 代表取締役社長兼CEOなども務める。

旅

今、箱根湯本に向かうロマンスカーの中でこのエッセイを書いています。

気温は6・9度。車窓には、遠くに広がる山々と、今にも雨が降り出しそうな曇り空が広がっています。

皆さんは旅をするとき、何を重要視しますか？

私は宿や温泉から旅先を決めることも多いですが、最近は食目当てに行く場所を決めたりもします。

カニを求めて漁が解禁したての金沢へ行ったり、人生初のふぐを求めて山口へ行ったり。行くからには、その土地の名産品をできるだけ多く食べたいなと思うんです。

少し前に大阪に出張に行ったとき、次の日は帰るだけのスケジュールだったので、京都へ寄ることにしました。

食のお目当ては「京野菜の漬物寿司」です。漬物寿司とは、シャリの上に、お刺身ではなく漬物をのせたお寿司のこと。京都は京漬物が有名なので、お寿司として食べられるお店も多いみたいです。

目星をつけて、わくわくした足取りでお店へ向かおうとしたところ、なんとすでにランチタイムが終了していたのです。ほかのお店を検索しても、近くに漬物寿司を食べられるお店はヒットしませんでした。

「せっかく京都まで来て、このまま食べずに帰るわけにはいかない！」と、駅弁として売っている可能性に賭けて、時間の許す限り駅のお土産屋さんを回ったのですが、京野菜の漬物は売っているものの、漬物寿司は売っておらず、名産品を食べるというミッションを果たせないまま帰路に就くことになってしまいました。

ただ、ここまでくるともう漬物の口になってしまっているので、せっかくなので家族へのお土産用に夏野菜の漬物を購入しました。やっぱりどうしても食べたくて、後日その漬物で自分で漬物寿司を握りました。

このように、出張先でもよく隙間時間にひとりで足を延ばして、その土地の食を巡っています。本場で食べるって、やっぱりおいしいですもんね！

まだ食べたことのないおいしい食を求める旅、想像しただけでわくわくします。

野球観戦

よく野球を観に行きます。

横浜DeNAベイスターズ（以下、ベイスターズ）の中継を担当させていただいたことがきっかけです。

新人時代に1年間、監督・選手の皆さんへの取材や球場リポートを担当させていただきました。担当し始めの頃は、専門知識を入れるのに相当苦戦しました。

社内で野球に詳しい人を探して話を聞いてまわったり、仕事後も球場に残って番組スタッフさんの横にピッタリとつき、解説をしてもらったり。

そうやって勉強を重ねていくうちに、気づけば取材で聞いてみたいことや知りたいことがどんどん増えて、チームのファンになっていきました。

今、こうやって野球観戦が楽しめているのは、あの1年間があったおかげです。

観戦には友人と行くことが多いですね。仕事終わりに現地で待ち合わせをして、色が変わっていく大空の下でビールを飲みながら観戦をする。最高に楽しい時間です。

ちなみに、私が横浜スタジアムでよく食べるのは、「ベイ餃子」と「シウマイ焼きそば」です。夏は「みかん氷」もおすすめです！

フタを開けてみたら周りにベイスターズファンがたくさんいて、観戦がきっかけでできた友達もいるんです。

今まで趣味でつながる、みたいな経験をしたことがなかったので、それもなんだかうれしくて。野球観戦は、社会人になってできた私の趣味のひとつです。

MAL WOND

06
GIRAFFE

妹

私には5歳下の妹がいます。

お母さんごっこやぽぽちゃん人形が大好きだった私は、妹のお世話をするのも好きでした。オムツを取り替えたり、お風呂を手伝ったり、洋服を選んだり……私が何でもやりたがるものだから、母は楽だったみたいです。ちょうどお姉さんぶりたい年頃だったというのもあるかもしれないですね。

妹がハイハイを卒業したあたりからは、もうずっと一緒に遊んでいた記憶しかないくらい、いつも一緒。

当時、実家には「おもちゃの部屋」と呼んでいたおもちゃだらけの部屋があって、よくシルバニアファミリーや人生ゲーム、ミニクレーンゲームなどをして遊んでいたと思います。

私の友達の中に混じって遊んだりもしていましたね。暗黙の了解といった感じで常に横にいるので、私の友達の中にも違和感なくなじんでいました。

お互いの誕生日やクリスマスには、昔からプレゼント交換をします。ただ最近は、私だけが一方的に渡している気が……気のせいかな（笑）。

もらった中で一番記憶に残っているのは、私の高校受験のときにくれた手作りのお守りと、折紙や紙箱で作った「ニコニコ弁当」。合格を祈って、当時小学生の妹が作ってくれました。

お守りの中には石が入っていて、受験当日、妹も同じ種類の石をずっと身につけて願ってくれていたみたいなんです。

今でもそのふたつは大切にとってあって、たまに見ると「こんなときもあったな～」と懐かしくなります。

性格はどちらかというと正反対なので、いまだにケンカもしますが、笑いのツボというか、話していておもしろいと感じるポイントが一緒なんですよね。

今も実家に帰ると、リビングで歌ったり踊ったりしてふたりして大爆笑しています（笑）。

お互い歳を重ねて、容姿や身につけるものは大人になりましたが、中身は幼い頃のふたりのまま全然変わっていないなぁと、会う度に感じます。

うまくいかないときは

毎日を過ごしていると、思い通りにいかないことだってあります。

そういうときに私は、人に話を聞いてもらうことで気持ちを落ち着かせることが多いです。だいたいモヤモヤしたテンションのまま家族に話すので、いつもとてもいやがられますが（笑）。

解決方法は人それぞれだと思いますが、私が人に話す以外に心がけているのは、現状を楽観視することです。「楽観視＝逃げ」のように聞こえるかもしれませんが、意外とこれが効果的で。

「何をやってもうまくいかない時期だから、どうせ次もできないんだし、気楽にやろ〜！」

そう思うだけで、本当にうまくいかなくても「想像の範囲内。全然大丈夫！」と前向きになることができるし、逆にそのくらい肩の力を抜いて臨んだからこそ、うまくいくこともあったりすると思うんです。

うまくいっているときには見落としていた物事も、うまくいかない期間に立ち止まることで、普段とは違った角度から見ることができるかもしれないですしね。

「周りにいる全員、良いときもあれば悪いときもある！仕方ない！」

そう思えてから、うまくいかないときも焦らず無理せず過ごせるようになりました。

できていたことができなくなる

アナウンサーになってから、できなくなったことがあります。

ひとつは、今まで読めていた漢字が読めなくなりました。厳密に言うと、読めない気がしてしまうようになりました。

それを感じるのが、ニュースを担当するときです。普段は普通に読める簡単な漢字が、原稿になると途端に読めない気がしてしまうんです。

たとえば、読みを使い分けることがあるものや見間違えやすいものにあえてルビを振ることはあるのですが、そうでない（小学生のときに習ったような簡単な）漢字も、原稿になると「本当にこの読み方か？」と疑ってかかってしまって、結局、読めるはずの漢字にまでルビを振っているのです。

本番が終わったあとに原稿を見返して、「おい、おい、おい、おい！」と情けなくなるのですが、やり直しが利かない場面、絶対に間違えられない緊迫した場面に身を置くと、安心を求めてつい過剰な保険をかけてしまうんだと思います。

もうひとつは、自分らしいSNSの投稿ができなくなりました。

今は、主に宣伝などをしていますが、本来、こういうきちんとした投稿をするタイプではないんです。

過去のSNSを見返してみると、焼きそばを作ったあとのフライパンにこびりついた焦げ目の写真を載せて「ライオンみたい」と投稿していました。

よくわかりませんが、こういう意味を持たない投稿が、本来の自分には合っているんです。

別に止められているわけでもないのに、SNS投稿も仕事の一環だと思うと「きちんとした写真で、きちんとした日本語で投稿しなくては」と考えてしまって、どんどん当たり障りのない投稿になってしまうんですよね。

苦なわけではないけど、「自分らしくはないな〜」と感じます。そう言いつつも「ライオンみたい」とつぶやくくらいなら元に戻さないほうがいいと思うので（笑）、しばらくは今のままのスタイルを貫こうと思います。

田舎の良さも、都会の良さも

小さい頃から、行く日が決まるとわくわくする場所。それは祖父母の家です。父方と母方、全然違った場所にある私の祖父母の家での思い出についてお話しします。

父方の祖父母の家は、滋賀県の琵琶湖の近くにあります。遠くて頻繁には行けないので、コロナ禍前は年に2回、夏休みと年末年始に遊びに行くのが恒例行事でした。

妹が大きくなるまでは、車好きな父の運転で行っていました。スムーズに行けても6時間はかかる長距離なので、家を夜に出発→途中のサービスエリアで睡眠→次の日の朝に再出発、というのがお決まりのコース。

夜に出発なので毎度お風呂に入ってから向かうのですが、子供用の「着る毛布」にくるまりながら向かうあの時間が、なんだかお泊まり会のようで、道中からすごく楽しかったんですよね。

祖父母の家は、敷地が広大で母家と離れに分かれた造りになっています。家の前には畑が一面に広がっていて、夏休みには野菜を収穫する祖父について行って収穫体験をさせてもらったこともあります。畑で採れた新鮮な野菜で祖母たちが料理を作ってくれて、その日の食卓に並びます。

和室に長机を2~3個つないで大人数で食べる夕食は非日常的で、これも楽しみのひとつでしたね。

必ず出るメニューは、滋賀県の特産品である近江牛を使ったすき焼き。お肉がトロトロで出汁が甘くて、これが最高においしい。

祖父は私が大学3年生のときに亡くなってしまいましたが、「これはこうやって食べるんだよ」とうれしそうに説明する祖父の表情を今でもたまに思い出すんです。

同い年とふたつ下の従兄弟たちもそこに住んでいたので、妹含めて4人でよく遊んでいました。用水路にいるカニを探しに行ったり、車のおもちゃで走り回ったり。よく「仮装大賞」も一緒に見ましたね。楽しい2泊3日を過ごしたあと、いつも自分の家に帰るのがいや過ぎて、帰りの車内でよく大泣きしていました（笑）。

コロナ禍以降遊びに行けていないので、早くまた自然に触れに行きたいです。

母方の祖父母の家は、東京都内にあります。今はもう閉店してしまいましたが、曾祖父の代から続く家具店を経営しており、行く度にお店にも遊びに行っていました。

過去に足を悪くして、病気も患ってしまったので、今でこそ昔のようにあちこち動き回ることは困難になってしまいましたが、それまではふたりとも本当にパワフル。

特に祖母は1日に何人もの友達とカフェやカラオケに行くほど交友関係が広く、一緒に街を歩くと祖母の友達だらけなんです（笑）。私の友達も交えてカラオケや焼肉に連れて行ってくれたこともあって、まさに〝THE・東京のおばあちゃん〟という感じです。

従姉妹は4人いて、全員女子です。祖父母からすると、孫6人全員が女子ということになります。私が一番年上で年齢も離れているので、従姉妹たちがまだ小さいときはよくオムツ交換や寝かしつけを担当したものです。それで褒められるのがうれしくてうれしくて（笑）。

従姉妹たちと祖父母の家に泊まった次の日の朝ご飯には、なぜか決まってみんなで納豆ご飯を食べました。丸いカップの納豆をクルクルと回して。

いつも食べている納豆と味にそこまで違いはないはずなのに、みんなで食べたからか、よりおいしく感じたんでしょうね、今でも自分で納豆を買うときは丸いカップのものを選んでしまうんです。

私は片道2時間ほどかけて東京の高校に通っていたので、テスト期間は勉強時間と睡眠時間を確保するために、祖父母の家に泊まらせてもらうこともありました。

夜食にフルーツを用意してくれたり、祖父がスムージーを手作りしてくれたり。今も遊びに行くと、お寿司や焼肉、中華に連れて行ってくれたり、カフェでコーヒーを飲みながら私の仕事の話を聞いてくれたりします。都会らしく賑やかで明るい、心躍る思い出で溢れています。

田舎と都会。

違った良さがあるとはよく言いますが、まさにその通り。祖父母の家に行く度に、子供の頃からそれぞれの魅力に触れてきました。

どちらの魅力も同じだけ摂取することができるのは贅沢なことだよなぁと、大人になった今、改めて感じます。

初鳴き

私たちABEMAアナウンサーの「初鳴き」は、『72時間ホンネテレビ』でした。

初鳴きとは、新人アナウンサーが初めてアナウンスすることを言います。華々しいデビューを迎えるアナウンサーが多い中、私のデビュー戦は想像もしていない形で迎えることになりました。

初鳴きの数日前、喉に違和感を覚えました。

昔から喉が弱く扁桃炎持ちだったので、「いつもの感じならすぐに治るだろう」くらいの感覚でいたのですが、何日経っても良くならず、むしろ悪化……声帯を傷つけてしまっていたようで、人生で初めて、声が出なくなってしまったんです。

出せても聞こえるか聞こえないかほどのヒソヒソ声がやっとで、会話ができるレベルでは到底ありませんでした。かなり焦りました。

不思議なもので、早く治さなくてはと焦れば焦るほど、プレッシャーでどんどん喉が締まっていく感覚に陥るんです。もちろん毎日のように耳鼻咽喉科に行き、調べて喉に良さげなことは全て試しました。

その甲斐あってか、ガラガラ声でしたが、少しずつ声が出るようになって。でも、一度傷つけてしまった声帯はすぐには完治せず、結局もとの声には戻らないまま本番当日を迎えることになってしまったのです。

ついにスタートした3日間の生放送。ただでさえ緊張するというのに、声がうまく出せるかという心配が付きまとい、気が気でなかったのを鮮明に思い出します。

司会台の下には喉スプレーなどを常備して、映らないタイミングやCMのタイミングを狙っては吹きかけ、また声を使ったら吹きかけ、を繰り返しながら臨みました。たしか視聴者コメント欄にも「このアナウンサー、声ガラガラだな」と書かれていた記憶があります。本当に、それほど聞き苦しい声を届けてしまいました。

当時の私は自分の体調管理もできないほど、アナウンサーとして、社会人として、未熟でした。

私の初鳴きは、今も苦い思い出として残っています。

最も苦しく、最も必要だった2年間

アナウンサーになる前、ABEMAの親会社であるサイバーエージェントに新卒入社し、2年間、アメーバオフィシャルブログの部署で営業職として働いていました。

クライアントである芸能事務所やタレントさんに対し、ブログの新規営業やコンサルティングを行う仕事です。まずは、社会人1年目のときに当時の心境を赤裸々に記していたブログを見つけたのでご覧ください。

小さい頃からずっとメモも授業の内容もノートに巨大な文字で書くのが好きで、PCを触ったのは卒論を書くときくらい。

今でも日々のタスク管理は特大サイズのキャンパスノートにのびのびと書いております(笑)。

洋服を買うときもネットではなく必ず店頭に足を運ぶ自分は、さすがにアナログ過ぎだと自負しております。

そんな自分が今IT業界で働いているなんて、数カ月前までまったく想像もしていませんでした。

初めての研修のとき、同期が軽快にキーボードを叩く姿を見て内心かなり焦って、素直に「教えて」と言えなかったかわいげのない私は、PCを横目で盗み見して資料を真似して作る作戦に出た。が、そんな作戦はすぐに通用しなくなり、週末に父親とExcel勉強会を開くことに(笑)。

営業職に就きたくて今の部署に配属希望を出したわけですが、いざ営業に出てみると人に何かを断られるのが怖くて、言いたいことを言えない自分がいることに初めて気付き、誰とでも物怖じせず接することができるのが強みだったはずなのに、日に日に、あれ、私、営業職向いてない……。

同じ部署には同期150人の中から5人しか選

ばれない賞を獲ってしまうような一歩も二歩も先を行く同期がいて、もう焦りとか悔しさとかそういうのを通り越して、少しでも追いつくためには何をしたら良いかを必死に考えていました。
そうしたら、自分の強みを思い出したのです。

〝自分のペースを崩されそうになったときこそ、引くくらい引かれるくらい冷静になってみる〟

何事も覚えるまでに人の倍以上の時間がかかります。でも、覚えたら誰よりも早くこなせる自信がついてきています。

そんな中でいただけた、ルーキー賞。
2年目になる前にこの賞をいただけたことで、私の中で少し自信につながりました。

今ではかわいげのある私は、毎日、同期にいろいろなことを教えてもらっています。
いつもありがとう！

とまぁこんな感じで、当時の私は毎日〝必死〟の繰り返し。できないことだらけの毎日についていくのがやっとでした。
入社前までの学生時代の私は、何事に対しても「できなきゃいけない」と思っていたんです。でも、ＩＴ企業という自分にとってできないことだらけの環境に飛び込んで、知ったことがあります。

「できないことは素直にできないと言っていいんだ」

このブログを書いたときは、小学生の頃から目指していた「アナウンサーになる」という夢が破れた直後でもあり、目標を見失った私は「あれ、私、このままでいいんだっけ？」と自問自答することも多かったんです。
でも私はこの2年間で、自分だけができない環境の中でもがく苦しさも、人に手を差し伸べてもらう心地良さも、さらには社会人としての在り方も、数えだしたらキリがないくらいたくさんの大切なことを学びました。
どう考えても、「私にとって、なくてはならない2年間だったよ」と、このときの自分に伝えてあげたいです。

夢のあきらめ方

達成したい目標や叶えたい夢ができたとき、昔から口に出したり、紙に書き出したりするようにしています。口に出すことでいざというときに周りが手を差し伸べてくれ、紙に書くことで自分を奮い立たせることができる気がするからです。「アナウンサーになりたい」という夢を持ってからも、ずっとそうしてきました。

ただ、叶えたいことの大小に関係なく、いくら願っても行動に移しても、叶わないこともいくつもありました。その度に思うのは、「追っているときより、あきらめるときのほうが、とてつもない体力を使うなぁ」ということ。

あきらめるしか選択肢がなくなったときって、なんであんなにも体力を持っていかれるんでしょうね（笑）。それを叶えるために今まで積み重ねてきた一つひとつのことや募らせた感情の行き場を急に失ってしまうからなんですかね。でも、そういうときに私は、我慢せずに思い切り落ち込んだり泣いたりするようにしています。

そうしているうちに「きっと数年後には笑えるようになってる！　今までもずっとそうだった」と前向きになれているんです。

それに、手放さないと入ってこないものだってあると思うんです。新しい何かを取り入れるためには、何かを手放して自分のキャパシティを空けておかなくてはいけないときもある。そう考えると、あきらめることは必ずしも辛いことだけではないと思えるようになりました。

これからも落ち込んだり、前向きになったりしながら、一筋縄ではいかないこの人生を歩んでいこうと思います。

できない約束

日頃なんとなく「できない約束はしたくないな」と思っています。

そんな大袈裟なお話ではなく、たとえばLINEを締めくくるときによく使われる「また連絡するね！」を送るのを、どうしてもためらってしまうんです。

次に会う約束をしていない限り、連絡はしないかもしれないし……。

会う約束をしていても、連絡をするのを忘れてしまったらそれは嘘になってしまうし……。

受け取るほうは気にもしていないと思うし、挨拶程度の一文でしかないと思うんですけど、できないかもしれない約束をしてしまうことに、どうしても気持ち悪さを感じてしまいます。

逆に相手から「今度ここ行ってみたい！」と言われると、「なんとしても行かなくては！」と変な正義感が働いてしまいます。「せっかく言ってくれたのに、行けなかったらいつか後悔するよなぁ……」なんて思ってし

まって。気にしすぎですよね、わかっています（笑）。
以上、気にしいの面倒臭いお話でした。

心地良い距離感

人と接するとき、〝距離感〟を大切にしています。

ただ単に距離を取るという意味ではなく、お互いにとって心地良い距離感を保てたら良いなと思っています。その程度は人それぞれだと思うので、かかわっていく中でどこからは入り込んでほしくないかなどを考えます。

私は大人数でワイワイすることが得意ではないので、狭く深くではありますが、定期的に会う気心知れた友人たちがいます。ほとんどが学生時代からの仲で、プライベートのこともなんでも話せる間柄です。

なぜ環境が変わった今でも、変わらずずっと仲良くいられるかを考えてみたところ、恐らくお互いが踏み込み過ぎないからなんだと思いました。

「親しき仲にも礼儀あり」に近いんですけど、心を許しているからこそ、ほかでは話せないような深い話をたくさんしながらも、「これ以上はあえて聞く必要はないな」と判断する匙加減が似ている気がするんです。「大人になったからかな？」とも思ったのですが、少なくとも私たちは、出会った頃からそんな感じだったと思います。

中でも一番長い付き合いになるのは、出会ってから13年以上が経つ親友です。

高校2年生からの仲なので、ここには到底書き切れないほどの思い出で溢れていますが、学生時代の思い出のほとんどに彼女がいます。

そして、昔からずっとそばで応援してくれているのも彼女です。

アナウンサーになりたくて出場したミスコンから、その派生イベントまで、振り返るといつも最前列でエールを送ってくれていたし、アナウンサーになった今も、私の出演番組を観ては感想を送ってくれる。私のことを私以上に知ってくれている存在だと思います。

大人になってお互い環境は変わりましたが、そんな彼女とも昔から変わらないのは、やはりお互いが踏み込み過ぎないところな気がしています。

これだけ深い仲でも、いや、深い仲だからこそ、お互いが心地良いと思える距離感作りが大切なんだろうなと思います。

あのときの自分に、今伝えたいこと

アナウンサーになるという夢を追いかけているとき、明るい未来ばかりを想像して、何をするにもやる気がみなぎっていました。

アナウンススクールに何校も通ったり、当時登竜門と言われていたミスコンに出たり、学生キャスターとして実践の場に立ったり……アナウンススクールの授業でできないことが見つかることすら楽しくて、夢に一歩ずつ近づいている、そんな感じがしていました。

けど、現実はそんなに甘くない。

満を持して受けたアナウンサー試験は、受けた局全てで不合格に終わりました。あと一歩、というところもあっただけに、本当に、本当に悔しかった。何年間もの時間を費やしてきたのに、終わるときってこんなにあっけないんだと、目標を失った喪失感にも苛まれました。

でも、そうやって落ち込んでいる間にも、就活は進んでいきます。絶望の渦中から抜け出せずにいましたが、それでも自分の進んでいく道は自分で見つけなくてはならない。受けた企業の中から、働いている自分を想像したときに少しでもワクワクできる会社を希望し、現在の勤め先であるサイバーエージェントに入社しました。

「AbemaTV（現・ABEMA）が開局するので、皆さんダウンロードしてみてください！」

入社式の日だったでしょうか。先輩社員の方に言われるがまま、ダウンロードしたてのAbemaTVを開き、「AbemaTVって何？」と思いながら、スマートフォンの画面に映るテープカットの様子を眺めていました。

というのも、ABEMAが開局したのと同じ年に入社したので、ABEMAの存在を知らずに、サイバーエージェントへの入社を決めていたのです。

あのとき、別の会社を選んでいたら、アナウンサーとして働いている自分はいない。

そう考えると本当に偶然でしかなかったけど、あのとき感じた「未来の自分がワクワクできていそう」という直感は間違っていなかったんだと、今この状況になって思います。

入社後も、アナウンサーを目指していたと周りに隠さず伝えていたこともあり、営業職に就きながら、学生時代に所属していた事務所の仕事も続けたいと会社に相談し、休日だけ副業として続けさせてもらっていました。ラジオのリポーターやイベントの司会などの仕事です。

すると、それを知った「AbemaTV FRESH!」という当時AbemaTVとは別に存在した動画配信プラットフォームのプロデューサーが「社員枠で番組に出演しないか？」と声をかけてくれたんです。

アナウンサーを目指していたことや、その後も勉強を続けているということが、偶然、プロデューサーの耳に入り、出演につながったのです。

そうしてサイバーエージェント社員として初めて担当したのは、『ふれさんぽ』というハリウッドザコシショウさん、キャプテン渡辺さん、アキラ100％さんとともにFRESHの番組を紹介する番組でした。

これをきっかけに『堀江貴文と藤田晋のビジネスジャッジ』やAbemaTVの番組への出演にもつながっていき、営業職の仕事の傍らサイバーエージェント社員としての番組出演が始まりました。

やりたいことを口にするってすごく勇気がいるけど、だからこそつながっていくこともある。言葉にするって大事なことなんだと、このとき改めて実感しました。


ABEMAのアナウンサーの公募が始まったのは、入社から1年半後の社会人2年目のとき。

皆さんと同じく、インターネットで応募が呼びかけられたタイミングで知りました。まさか自分が働いている会社で、夢だったアナウンサーの採用が始まるなんて。


「これがラストチャンスかもしれない」

社内にいながら、エントリーシートとエントリー動画を送り、いつ連絡がくるのかと落ち着かない毎日を過ごしていたのを思い出します。

それからしばらく月日が経ち、「またダメだったか……」とあきらめかけていた矢先でした。人事の方に話があると呼ばれ、その場で合格を告げられたのです。

「やっと、やっとだ……!!」

長年の夢が、一度破れた夢が、思いもよらぬ形で叶った瞬間でした。

それはもう、飛び跳ねるほどうれしかった。視界がパーッと開けた、そんな感覚でした。

公言を避けるよう言われていたので、誰にも見られないようにトイレに駆け込み、喜びを噛み締めたのを今でも覚えています。

直接聞いたわけではないので勝手な推測ですが、FRESHやABEMAに社員枠として出演する姿を採用担当の方々が観てくださっていたことも、合格につながったきっかけになったと思うんです。

そう考えると、目の前の一つひとつのことが、どんなタイミングでどんな形でつながっていくかわからない、そう強く思いました。

かつて夢に破れた過去があったからこそ、今こうしてABEMAのアナウンサーとして仕事ができている。やりたいことを続けて、言葉にしていたら、偶然が重なって今の自分につながっていました。

「全てのことには意味がある」

夢が破れて先が見えなくなっていたあのときの自分に、私は今、こう伝えたいです。

一問一答 西澤由夏の自己紹介

●本番前のルーティンは？
楽屋を整えることです。自分にとって心地よい配置じゃないと落ち着かなくて、これはここでこれはここ……と、しっくりくる配置に置き換えてから準備に入っています。

●忘れられない仕事の失敗は？
新人の頃、共演した方のお名前の読み方を生放送中に間違えてしまって。その経験から、読み方がわかっている方でも入念に調べることを心掛けています。

●仕事で「ここを見て！」と思うのは？
ちょっとお仕事からずれますけど、前髪を変えたことですかね。思い切ってぱっつんにしてから、視聴者の方にもコメントなどで「そっちのほうが良い！」と言っていただけることが多いです！

●印象的なインタビューは？
横浜DeNAベイスターズのラミレス前監督。新人だった私のインタビューに終始笑顔で答えてくださって。インタビューしやすい空気を作ってくださったのを今でも覚えています。

●心に残る視聴者コメントはある？
「元気をもらえる」「来週も頑張れる」といったコメントがうれしくて。「そう思ってくれる人のために頑張ろう！」と私も元気をもらっています。

●職業病は？
友達と話したりご飯を食べたりしているときも、話が途切れるのを恐れて、率先して話したり質問したりして間を埋めようとしてしまいます……。

●衣装のこだわりは？
衣装はスタイリストさんが用意してくれるのですが、真っ先に手に取るのは水色の服ですね。でも、スタイリストさんのセレクトで、自分では選ばないような色や形

Question and Answer

の服と出合えるのも楽しいです。

●同僚の瀧山アナ、藤田アナの魅力を教えて

瀧山あかねちゃんは「新しい」。いい意味で吹っ切れて、以前に比べて自分らしくハツラツとしている印象です。ご飯に誘ってくれたりもして、お互いの仕事やプライベートの話もする仲です！　藤田かんなちゃんは「人懐っこい」。収録後も共演者の方やスタッフさんとずっとしゃべっていて、場を和ませています。料理が上手で、私にも手作りのジャムをくれましたよ！

●個人的にイチオシのABEMA番組は？

『30までにとうるさくて』。仕事も結婚も……29歳独身女性4人が人生設計に悩みながら生きる姿を描いたドラマなんですけど、年齢的にも自分に重なる部分が多くて。「わかるー！」って共感しながら観ていました。

●自分にキャッチコピーをつけるなら？

「ティータイム西澤」。営業職時代、実際にクライアントの方に呼ばれていた名前です（笑）。

●理想のアナウンサー像は？

「これに強い！」という専門分野があるアナウンサー。

●アナウンサーとして挑戦してみたいことは？

情報バラエティー番組と、大好きな恋愛番組の見届け人（スタジオMC）を担当してみたいです！

●朝起きて最初にすることは？

大量にセットしたアラームを全部オフにすること。毎晩、5分刻みのアラームを1時間分くらいセットしてるんです。それをオフにしている間に目が覚めますね。

●寝る直前は何をしてる？

5分刻みでアラームをセットしてます（笑）。しかも、ちゃんと音が鳴るか確認しないと気が済まなくて。時間の無駄だとわかってるんですけど……。

●無人島にひとつだけ持っていくなら？

ひとつだけだとしたら、浄水器ですね。潔癖症なのでお水をきれいにして飲みたいです。

Que

●今一番手に入れたいものは？
好きなアーティストのLIVEチケット。

●好きな数字は？
2です。理由はないんですけど。

●好きな季節は？
夏です。寒いよりは暑いほうが得意です。

●好きな花は？
ひまわりです。お誕生日などで花束をもらうときもひまわりが多くて。夏生まれだから、そういうイメージがあるんですかね？

●長所は？
心配性なところ。タスクの抜け漏れがないとよく言われるんですけど、心配性だからだと思います。

●短所は？
短所も心配性なところですね。体力も神経も使って疲れますし、時間の無駄も多いので……。

●座右の銘は？
「ピンチのときこそ冷静になってみる」。焦っても解決につながらないことは多いと思うので、周りが焦る中でも、冷静に対処しているほうかもしれません。

●日常のこだわりやクセはある？
楽屋のルーティンと同じなんですけど、家具や雑貨の配置にはこだわります。寝る前や外出前も、配置をもとに戻しておかないと落ち着かないんです。ちなみに、人に強要はしませんよ！

●最近ハマってるものは？
オーツミルク。喉を壊したときに、刺激のある飲み物は避けようと思って飲んだんですけど、単純に味がおいしすぎてハマりました。

●苦手なものは？
生クリーム。小さい頃、生クリームと生のホタテを食べるとなぜか眠くなって。眉間がぼわーっとしてくるんですよ。でも、貝が好きなので、ホタテは食べているうちに気にならなくなりました。

●特技は？

フラフープを延々と回せます。小さい頃に家にあったからか、いまだに得意なんですよ。

●得意料理は？

ハンバーグ。料理が得意な母の味をそのまま真似しています。ポイントはたまねぎを炒めずシャキシャキ食感を残すことと、ソースにワインと肉汁を使うことです。

●今、興味のあることは？

ダンス。過去にやっていたので、無性に踊りたくなるときがあるんです。でも、その場で即興で踊る才能はないので、ダンス教室に通ったり、動画を見ながらしっかり練習したいですね。

●カラオケの十八番は？

カラオケはあんまり行かないんですけど、好きな曲は乃木坂46の「きっかけ」です。アナウンサーになれず葛藤していた頃、自分を奮い立たせるためによく聴いていました。すごく共感できる歌詞で、めちゃくちゃ刺さってたんです。

●肌身離せないものは？

「何かあったとき用袋」。外出先で何かあったときに対応できるように、薬類や絆創膏、コンタクトの替え、ロイヒつぼ膏（肩こりに効く貼り薬）、医療用マスクなどを入れて、仕事に行くときに持ち歩くようにしています。

●自分の好きなところ、嫌いなところは？

好きなところは、あまり飾らないところですかね……？仕事とプライベートで多少切り替える部分もありますが、どちらも本当の自分というか。嫌いなところは、気にしいなところ。人がどう思っているかとか、つい気にしちゃう。

●美や健康のために努力していることは？

プロポリスのサプリメントを毎日飲んでいます。もともと喉が弱かったこともあり、アナウンサーになってから意識して飲み始めたところ、私の体質には合っていたようで喉の風邪をひかなくなった気がします。

●自分に足りないものは？

些細なことに対する決断力。不思議なんですけど、大きなことに対する決断は誰がなんて言おうと即決して突き進むタイプなのに、同じ色の衣装のどちらを着ようとか、番組告知の写真はどっちを使おうとか、そういう小さな決断がなかなかできず、つい人に委ねてしまいます。

●家にあるお気に入りのものは？

なくてはならないものなんですけど、キッチンの一角にちょっとしたカフェスペースを作っています。そこに父親から引っ越し祝いにもらった全自動のコーヒーミルとコーヒー豆の瓶を置いています。あと、私がティータイムが好きだからと、友達から紅茶セットをもらうことが多くて、それらもおしゃれに並べています。

●理想の休日の過ごし方は？

早く起きて朝活をする。寝るのが好きすぎて休日はお昼過ぎまで寝ちゃうんですけど、もったいないじゃないですか。朝から公園をお散歩して、カフェで朝食を食べたりしてみたいです。

●最近、感動したことは？

肌が保湿されたこと！　もともと乾燥肌なんですけど、週刊誌のグラビア撮影を機に毎晩全身にクリームを塗ることを徹底したら、見違えるほど肌がスベスベになって。面倒臭がり屋なので、お風呂にクリームを置いて、濡れた肌にそのまま塗っています。

●日常のささやかな幸せは？

これは実家のワンちゃん、マルチーズのむぅ太になりますね。存在自体が幸せなんですけど、実家に帰ったときに夜遅くまでリビングにいて、さあ寝ようと部屋に行くと、私の枕を使って人間のように寝ていたりするんですよ。めっちゃかわいくないですか？

●ついイライラしてしまうのはどんなとき？
アラームが鳴る前に起こされるとき。次の日の予定によって、自分の中で「何時間寝たい！」というのがあるので、早く起こされると機嫌が悪くなります（笑）。

●元気を出したいときに摂取するものは？
アイドルの動画です。女性アイドルも男性アイドルも好きで、元気を注入したいときに観ています。

●最近泣いたのはどんなとき？
少し前ですが、番組でピアノの先生に会いに行ったとき。中学生のとき以来だったので……約14年ぶりの再会で、顔を見た瞬間に涙が溢れてしまいました。

●思わずテンションが上がるのはどんなとき？
ミニチュアのグッズを見つけたとき。ミニチュアサイズのものが好きで、お店で見つけると思わず立ち止まってしまいます。手先は器用なほうなので、コロナ禍の自粛期間は自分でミニチュアハウスを作っていました。

●キュンとするのはどんなとき？
メイクさんが、ヘアメイクが終わったあとも時間まで髪を触ってくれたり、「今日の衣装にこの口紅はどうですか？」と似合うものを試してくれたり、時間をかけて＋αのことをしてくれたときにキュンとします。

●尊敬する人は？
他部署で働く同期たち。子育てをしながらバリバリ働いている同期たちが身近にいるんですけど、話を聞く度に「人生の先輩だなぁ」「私も頑張らなきゃ！！」と刺激をもらえます。

●宝物は？
捨てられないものボックス。過去のプリクラやスケジュール帳、写真、妹からのプレゼント、ミスコンのときのタスキなど、全部その箱にしまって残しています。

●将来の夢は？
楽しい家庭を築きながら仕事もして、毎日をワクワク過ごせていたらいいなと思います！

おわりに

今回、時間をかけて過去の自分と対峙をしていく中で、「こういうときに心が動いたんだ」とか、「こういう受け取り方をしたんだ」とか、自分自身についてあえて振り返ることで気づいたことがたくさんありました。

毎日を過ごしていると、無意識には感じていても時間を作って振り返ることってなかなかないと思うので、ときどき、こうして自分の感情や感覚を知る機会を作ることって大切なのかもしれません。

この半年間、制作スタッフの皆さんと数え切れないほどのメールを交わしましたが、私にとって不慣れな執筆作業、そして私が夜型ということもあり、遅い時間に原稿をお送りしてしまうことも度々あったんです。

それにもかかわらず、ワニブックスの小島さんや構成の後藤さんをはじめとするスタッフの皆さんが、良いものを作ろうと手を差し伸べ続けてくださいました。

実は偶然にも、写真は過去に『ニューヨーク恋愛市場』という番組で出したフォトブックを担当してくださったカメラマンの藤本さんが再び撮ってくださったんです。

こうやってたくさんの方々の手が加わって、この1冊を皆さんにお届けすることができました。

子供の頃に思い描いていた将来の理想の自分は、夜景が一望できるマンションの高層階で赤ワインのグラスをクルクル回しながらゆったりと流れる時間を楽しむ、全てにおいて余裕のある大人な女性でした。

でも実際にこの歳になってみると、理想どころか、目の前の仕事やプライベートをこなすことに精一杯で、想像していたよりずっと大人になり切れていなくて。

でも、きっとそんなものなんですよね。

30代もその先も、〝ありのまま〟をテーマに人生を歩んでいけたらと思います。

最後に、読み終えた皆さんの心が、読む前より少しでも晴れやかに、そして前向きになっていたらうれしいです。

この度はお手に取っていただき、また皆さんの貴重な隙間時間にお邪魔させていただき、ありがとうございました。

西澤由夏

1993年8月12日生まれ。埼玉県出身。学生時代に学生キャスターなどのタレント活動を行う。就職試験ではキー局のアナウンサー試験すべてに落ちるも、サイバーエージェントの営業職に就いたのち、入社2年目のときに初めて行われたABEMAのアナウンサー試験に見事合格。2018年から専属アナウンサーとなる。担当番組は『チャンスの時間』『ABEMAニュース』『NewsBAR橋下』『ABEMAスポーツタイム』など。

Twitter=@nishizawa_yuka　Instagram=@yknszw

ABEMAアナウンサー 西澤由夏です

著　者　　西澤由夏

2023年8月30日　初版発行

装丁	菅原 慧（NO DESIGN）
撮影	藤本和典
ヘアメイク	哘 絵美子
スタイリング	木村美希子
ロケーション	銀林 章（510 LOCATION SERVICE）
構成	後藤亮平（BLOCKBUSTER）
校正	東京出版サービスセンター
プリンティングディレクター	井上 優
編集	小島一平（ワニブックス）
協力	ABEMA『チャンスの時間』
撮影協力	市原ぞうの国・サユリワールド THE BAMBOO FOREST
発行人	横内正昭
編集人	岩尾雅彦
発行所	株式会社ワニブックス 〒150-8482 東京都渋谷区恵比寿4-4-9 えびす大黑ビル TEL 03-5449-2711 ワニブックスHP　https://www.wani.co.jp/ （お問い合わせはメールで受け付けております。HPより「お問い合わせ」へお進みください）※内容によりましてはお答えできない場合がございます。
印刷所	凸版印刷株式会社
DTP	BLOCKBUSTER
製本所	ナショナル製本

Printed in Japan 2023　ISBN 978-4-8470-7337-3